科学可以这样看丛书

QUANTUM CREATIVITY

量子创造力

量子思维,富于创造力

〔美〕阿米特·哥斯瓦米(Amit Goswami) 著

杨　恒 译

为未来科学和发现而著
量子力学探索创造力思维
创造力并不局限于天才,人人都有潜在创造力

重庆出版集团 重庆出版社

版贸核渝字(2015)第189号

图书在版编目(CIP)数据

量子创造力 / (美)阿米特·哥斯瓦米著;杨恒译. —重庆:
重庆出版社,2017.9(2025.5重印)
(科学可以这样看丛书/冯建华主编)
书名原文:QUANTUM CREATIVITY
ISBN 978-7-229-12302-4

Ⅰ.①量… Ⅱ.①阿… ②杨… Ⅲ.①量子-研究 Ⅳ.①O4

中国版本图书馆CIP数据核字(2017)第128102号

量子创造力
LIANGZI CHUANGZAOLI
〔美〕阿米特·哥斯瓦米(Amit Goswami) 著 杨 恒 译

责任编辑:连 果
审 校:冯建华
责任校对:何建云
封面设计:博引传媒 · 何华成

重庆出版集团
重庆出版社 出版

重庆市南岸区南滨路162号1幢 邮政编码:400061 http://www.cqph.com
重庆出版集团艺术设计有限公司制版
重庆市国丰印务有限责任公司印刷
重庆出版集团图书发行有限公司发行
全国新华书店经销

开本:710mm×1 000mm 1/16 印张:14.5 字数:237千
2017年9月第1版 2025年5月第8次印刷
ISBN 978-7-229-12302-4
定价:39.80元

如有印装质量问题,请向本集团图书发行有限公司调换:023-61520417

Advance Praise for *Quantum Creativity*
《量子创造力》一书的发行评语

　　一种新的意识观念正在出现，在这个观念中意识是无限的、永恒的、独立的。这一新观念对创造力产生的过程具有根本性的影响，正如物理学家阿米特·哥斯瓦米（Amit Goswami）博士在他的精彩著作《量子创造力》中所介绍的。在这个新观念中，单独的个体智慧让位于跨越过去、现在和将来的集体智慧。因此，创造力的来源和智慧的源泉是无限的。哥斯瓦米对何谓人类的本质所在，我们的未来可能取决于什么创作了一幅宏伟的蓝图。

　　　　——医学博士劳瑞·杜西（Larry Dossey），《一个想法：我们个人的
　　　　想法如何成为更伟大意识的一部分以及为何它很重要》（*One*
　　　　Mind：How Our Individual Mind Is Part of a Greater
　　　　Consciousness andWhy It Matters）一书作者

　　阿米特·哥斯瓦米博士的作品像他的孟加拉祖先一样充满智慧、聪明、幽默和精神洞察力——像伟大物理学家贾格迪什·钱德拉·博斯（Jagadish Chandra Bose）、伟大诗人罗宾德拉纳特·泰戈尔（Rabindranath Tagore）和神秘主义者斯瓦米·维韦卡南达（Swami Vivekananda）一样具有伟大的思想。哥斯瓦米博士从量子物理学家转变为人类的激励和精神导师（作家）需要相当大的勇气。

　　　　——弗雷德·阿兰·沃尔夫（Fred Alan Wolf），量子物理学博士，
　　　　《时间循环和空间扭曲：上帝如何创造了宇宙》（*Time Loops and*
　　　　Space Twists：How God Created the Universe）一书作者

　　为了到达你不知道的世界，你必须通过一条无知的道路。

　　　　　　——T. S. 艾略特（T. S. Eliot），
　　　　英国诗人、剧作家和文学批评家，诗歌现代派运动领袖

1

English Reviews for *Quantum Creativity*
《量子创造力》的书评

如果我告诉你，创造力的提高将给你生活带来极大乐趣，并会显著提高你的生活能力，你会怎样想呢？是真的，你可以得到任何你希望得到的东西。先不要喷，思考一分钟，然后听我给你解释。我的家人和朋友可能会说，"是，确实，你又在做梦了！"我希望我在做梦，我也希望以后做更多的梦，这样才能获得能够显现我想要的内在创造力的边界。不要相信我的话，这是作家、作者和老师阿米特·哥斯瓦米博士在他的新书《量子创造力》中说的："如果你能学会进入这种因果力并学会显现它的信息，你就可以创造你想要的生活经历的方方面面。"

我并没有一开始就爱上这本书，但当我读到本书第二部分时，我被深深吸引了！哥斯瓦米博士分享了真实的故事、事实和人物的经历，这些人物都经历了巨大成功，这些成功看起来就像哥斯瓦米博士所说的创造力的量子时刻。你可以说他们与"上帝的恩典"相遇。下面是哥斯瓦米博士在本书中分享的非常有名的人物，旨在帮助我们理解量子创造力的重要性以及在我们日常生活中这些量子时刻发挥的作用：

诗人塞缪尔·泰勒·柯勒律治（Samuel Taylor Coleridge）和他的诗《忽必烈汗》（*Kubla Khan*）；

作曲家理查德·瓦格纳（Richard Wagner）和柴可夫斯基（Tchaikovsky）；

数学家卡尔·弗里德里希·高斯（Carl Friedrich Gauss）；

浪漫主义诗人 P. B. 雪莱（P. B. Shelley）；

化学家德米特里·门捷列夫（Dmitri Mendeleev）的化学元素周期表的发现；

艺术家毕加索（Picasso）和米开朗基罗（Michelangelo）；

缝纫机的发明者伊莱亚斯·豪（Elias Howe）的针孔。

哥斯瓦米博士与公众分享的一个重要信息对你来说就是想象在读书、写作、跳舞、游泳、画画、擦车或者任何激发你兴趣的事情中迷失自己。你进入涅槃状态，然后，突然间你一直困惑的问题的答案就会像很多砖一样撞向你。明白我说的意思了吗？

哥斯瓦米本人可能是浸泡在术语中的，但这本书的大部分内容读起来是令人兴奋的。他带你通过解构你的阿米特·哥斯瓦米条件化的格式塔图片，对问题作出反应，以期通过另一种方式看待这些问题。看看书中的图片（正文图4），你看到了什么——妻子、岳母还是两个人都有？

明白了！你也可以完成哥斯瓦米创造力的四个阶段以撕裂条件化程序，明白"剥猫皮（skin the cat，解决问题）"的方法不止一个。当你用哥斯瓦米的方法去解决生活中的问题——甚至是爱情中的问题时，都可以期待从未期待过的事情发生。是的，就是这样，甚至是浪漫。

祝你在丰富多彩的生活中充满爱、幸运和祝福！

（我发表这些评价不是为了经济补偿，而是因为我从海氏出版社收到这本书，应邀提出评审意见。这些评价完全是基于我的生活经历提出的。）

——克里斯汀·A. 沃（Christine A. Waugh），美国著名书评家

退休的物理学家阿米特·哥斯瓦米博士是意识科学新范式的先驱者，在他的重要著作《自我意识的宇宙》（*The Self-Aware Universe*）中，他解释了意识科学的观点，也通过阐明著名的观察者效应而解决了量子测量问题。《量子创造力》这本书的最初版本是为科学家们写的，而后才为大众群体出版修订本。它值得我们关注。

哥斯瓦米博士是一个很好的沟通者，他总能非常细心地使他的读者轻松理解什么是量子物理学。量子物理学是关于可能性的物理学。不仅仅是物质可能性，也是含义、感觉和直觉的可能性。你可以选择你经历的一切形成这种可能性，因此量子物理学是将你的生活理解成一连串选择，而它们本身是创造力的最终行为的一种方式。以此开始他探讨了用量子物理学

的脉络思考如何能够使我们在任何时候都具有创造力的方方面面：

量子创造力能够使我们解决不寻常的需要整体解决方案的问题，
如环境的降解问题；

量子创造力能够使我们探索生命和我们周围的世界的含义；

量子创造力能够教给我们一般的智力；

量子创造力迫使我们学会如何为真正的自由做准备；

量子创造力使我们的外在和内在生活融合在一起；

量子创造力是我们能够实现精神满足的源泉。

为了探索这个世界，正如哥斯瓦米博士建议的需要你自己读完整本
书：书的内容就放在你面前，但是领会信息的意义却是一个非常私人的经
历。高度推荐这本书。

——格雷迪·哈普（Grady Harp），医学博士，
美国著名书评家，退休外科医生，诗人

目录

序 言

十年前，我以量子物理学（quantum physics）为基础，总结了人类对现实认知的探索，撰写了《量子创造力》（*Quantum Creativity*）（第1版）并出版。当时写作的目标阅读人群是学者们（科学家们），目的是将创造力探索中的量子思维介绍给学术研究人员。本书为《量子创造力》（第2版），本书以十年前的早期版本为基础，因此书名未曾改变而得到保留，但这一版本同时兼顾了对创造力感兴趣的学者与外行人，其中包括以一种全新的方式来描述我们的生活经历。通过认识到我们在这个以意识为基础的创造性宇宙中扮演的角色，当我们星球上的生命受到威胁时，我们就可以调整自己与意识进化相同步。

我成年后第一次关于创造力的经历发生在我从印度到俄亥俄州（Ohio）克利夫兰（Cleveland）的凯斯西储大学（Case Western Reserve University）一年以后，我当时的身份是一名理论物理学青年教师和博士后研究生。我正在努力研究一种新的关于原子核的互动现象，但一直没有取得任何进展。那天，我和我的导师激烈地讨论这个问题，他指出了我研究中非常严重的漏洞。即使我对自己的研究是带有偏向的，但这时我也不得不承认它的问题。我非常沮丧，回到了蛇穴（Snakepit），学校的地下室自助餐厅，当时我几乎准备完全放弃自己的研究。就在此时，解决方案突然非常清晰地出现在我脑海里，我知道方案是正确的。我赶紧跑到楼上找我的导师，他也立刻意识到它的价值。我还记得当时我在非常兴奋的氛围里度过了我下午的其余时间。

在那次事件之后，我继续我的核物理研究达到十年以上，解决了很多问题，并写了不少科学论文，但后来再也没有出现过那一天的快乐情景了，它似乎一直在躲避着我。渐渐地，我变得有点愤世嫉俗。我认为科学研究是有创造力的，但创造不一定是快乐的，这个看法和我的同事们是一样的。感受到这种喜悦的人可能是在夸大其辞；我自己难忘的经历也许是因为一个初学者天真的快乐。我开始相信创造性工作带来的只有成熟的满足感，就像每次我成功地解决了一个看似棘手的问题，或者写下一篇使我的研究更进一步的论文时感受到的。

在尔后的一段时间，我的生活发生了重大变故，包括离婚和申请一项研究基金的失败，接下来我再婚并决定离开核物理学领域。我写了一本关于基础物理学的教科书，然后是一本探讨科幻小说中物理学的书。在某种程度上来说，我将我的研究领域变为解释量子力学（Quantum mechanics）。

量子力学是20世纪物理学的新范式（Paradigm），它取代了艾萨克·牛顿（Isaac Newton）爵士的"经典"物理学，主要用于计算微观物体（如原子、原子核和基本粒子）的运动，但实际上，量子力学适用于所有的物质对象。在物理学中，"量子（Quantum）"这个词的意思是一个离散的量，例如，能量的量子是一个不可分割的能量束。

量子力学出现于20世纪20年代，从此，这一新的物理学已经威胁到以一切存在都是由物质构成的（任何看起来非物质的现象都是虚幻的）为基础的科学世界观。但当我们在坚持这种严格的唯物主义的情况下，试图解释量子现象时，我们会受到悖论（Paradox）的阻挠。而这些悖论正是我下定决心要解决的。

经过开始几年的兢兢业业和屡犯错误，在一个晚上，我与一位朋友讨论时，我突然意识到解决量子悖论的唯一方式是完全脱离当前的唯物主义范式，因为量子力学已经对它造成了不可挽回的破坏。意识非物质才是一切存在的真正基础，这个想法将导致科学复兴，使其有能力超越它以前的局限性而进入令人兴奋的新领域。我还注意到，这个发现使我充满了我曾在蛇穴自助餐厅经历的同样强烈的喜悦。

当我将这一新的以意识为基础的科学范式具体化后，我意识到发展一个适用于创造力的方法，一个激发每个人创造力的方法是非常重要的。创造力（Creativity）——像爱、喜悦、内心的平和，以及其他许多无形的东西使生活变得更有意义，而这些被唯物主义者怀疑为一种现象，根据他们的想法，发生的一切都与过去因果相关，没有真正全新的可能。我个人的经历已经告诉我不是这样，所以我愿意迎接挑战，推动唯物主义超越其极限。

很快，我和我的同事诺拉·科恩（Nora Cohen）在俄勒冈大学（University of Oregon，我工作的地方）建立了一个创造力研究小组，并开始定期举行会议。不久后，一位行为心理学家肖恩·博尔斯（Shawn Boles）和一位人类学家理查德·钱尼（Richard Cheney）也加入了我们的小组。我和诺拉、肖恩还有理查德形成一个紧密的团队，并在我们同意共同写一本关于创造力的书之后得到进一步加强。虽然这本书从未完成过（因为我们在方法学上的差异太大而找不到共同基础），但是我从合作中获得了大量现存的关于创造力现象的理论和数据。

我和肖恩对关于创造力的一个非常重要的方面达成了一致意见，即对不同的数据进行处理和分类。我们都认为创造性工作必须分为两个基本类别：一个类别是解决问题（类似于技术发明），另一个类别包括发现更深的真理。许多关于创造力的研究出现差异，是因为我们只把精力集中到两个不同类别中的一个上面。后来我也认识到精神成长是"内在的（inner）"创造力，与艺术和科学领域的创造力形成对比，那是"外在的（outer）"创造力。

同时，诺拉组织了两次关于创造力理论的研究会议。在那里我遇到了很多致力于创造力研究的拥护者并见证了他们之间存在的高度差异。然而，这些不同的想法发展成为一个整体需要等待新的、以意识为基础的范式的进一步发展。我通过努力，出版了一本名为《自我意识的宇宙》（The Self - Aware Universe）的著作，我终于可以在我们思考创造力的不同方式和如何利用它的科学研究上得心应手，无论是个人的还是社会的。本书就是那项工作的结果。

当我们认识到意识（consciousness）作为宇宙中心主题（as the central theme of the universe）的时候，创造力是我们意识的生命线这一点逐渐变得清晰起来。然后，我们开始看到每一个不同类型的创造力在拥抱我们的潜能中发挥着作用。是的，我们清楚地看到，创造力并不局限于天才；我们都有潜在的创造力，不管年龄多大。

传统上，西方国家喜欢外在创造力胜过内在创造力，而东方国家更偏爱内在创造力。过去的社会可能低估了发明作为一种实现社会变革途径的作用；但当今社会，以消费者为导向，过多地强调了发明。这种两极分化使我们不可能实现我们的潜能，更不用说这些获得创造力的个人方法不足以完成21世纪的任务。所以这本书的主题，作为最后的总结，是融合不同和弦的创造力之歌。当我们唱这首关于创造力的歌时，不同的和弦对应着不同的努力，然后我们个人的声音成为了包括一切的多元宇宙的一部分。

除了前面提到的那些学人在我的研究中发挥了重要作用，另外我很感谢保罗·雷（Paul Ray）、霍华德·格鲁伯（Howard Gruber）、凯西·朱丽恩（Kathy Juline）、罗伯特·汤普金斯（Robert Tompkins）、肖恩·博尔斯（Shawn Boles）、吉恩·伯恩斯（Jean Burns）和利贾·丹特斯（Ligia Dantes）对我手稿的仔细阅读。也感谢安·斯特林（Ann Sterling）、迈克尔·福克斯（Michael Fox）和安娜·圣克莱尔（Anna St. Clair）非常有帮助的建议。玛吉·弗瑞（Maggie Free）在编辑方面提供的帮助非常重要，除了一首之外，所有每章结尾部分的诗都是我们共同合作的结果。对唐·安布罗斯（Don Ambrose）、乔·焦韦（Joe Giove）和南·罗伯逊（Nan Robertson）在图片方面给予我的帮助表示感谢。

我还想感谢理·斯图尔特（Ri Stuart），正是我们的交谈促使我萌生了对一些正统观念的修订。我特别感谢蕾妮·斯莱德（Renee Slade）对我手稿通篇的初步编辑和提出的许多非常有用的改进建议。感谢我的妻子乌玛（Uma）为我的内在创造力不断努力所做的持续贡献。我特别感谢彼得·古扎尔迪（Peter Guzzardi）在编辑方面做的明智决定。我感谢海氏出版社

（Hay House）的帕蒂·吉夫特（Patty Gift）对我工作的认同以及她在出版方面的明智决策，另外还要感谢海氏出版社的制作人员，没有他们的细心合作，这本新书就不会最终出版。

Part I

Steps to Understanding Human Creativity

第一部分

理解人类创造力的步骤

1

存在人类创造力的科学吗？

想象一下，在一个晴朗的春日，你自己漫步在空荡的海滩，边走边沉思。你一直在努力解决生活中的大问题。远处走来一位戴着彩色帽子的人，随着渐渐走近，你发现他举止高雅，这为其增添了几分睿智，闪闪发光的眼睛使他显得平易近人。

为了缓解你的尴尬，你将自己的困惑脱口而出："我一直在阅读有关量子物理学的书，书里写的是量子物理学如何改变了我们所知道的一切事物的运作方式。但怎样才能知道原子内的粒子如何影响我对生活的选择？"

令人惊讶的是，陌生人似乎并不认为你疯了。他反而停下来考虑你的问题，然后坐在附近的沙丘上。经过深思熟虑之后，他回答道："量子物理学是关于可能性的物理学，"他严肃地说，"而且不只是物质的可能性，也是含义、感觉和直觉的可能性。你从这些可能性中选择你的一切经历，所以量子物理学可以把你的生活理解为一长串的选择以及存在于选择中的最终行为的创造力。"

出于某种原因，你配合这个完全陌生的人完成一个深刻且形而上学的对话似乎并不奇怪。"但是，这听起来像'我们创造我们自己的现实'的另一种表达方式。不要误会我的意思。我只是像其他家伙一样喜欢自我感觉良好的口号，但我一直没有找到一种方法使其对我有效。"

"你说得对，它并不那么简单。不过，情况是这样的：量子物理学解释了我们的创造性过程如何既涉及现实的意识领域——我们所看到的，又涉及可能性领域，或称为纯潜在性（potentiality）领域。并且无意识的可能性也会带来创造性的表达。这也是为什么有一些创造性过程被称为'顿悟时刻（aha moment）'的原因。不过，我们谈论的不是一个线性过程。人们之所以将这种创造新事物的能力称为奇迹是因为它与量子跃迁（Quantum leap）——我们看到的电子从一个轨道跨越到下一个轨道那种不连续性相似。但我觉得最有趣的是，一旦将创造性过程与量子物理学相对应，我们就找到了通往生活中方方面面非凡创造力的入口。任何人都应该能够显现他们的选择，至少这是我的看法。"

你开始感到有希望，"我很愿意相信你，但我不太懂物理学。这些想法有科学研究的支持吗？"

"是的，量子创造力理论和它在你生活中的作用已经被大量的实证证据证明。你还有什么问题吗？你提问简短些，我也会简明扼要地回答你。如果你有兴趣，我也可以给你我的书的拷贝，只要你答应去读。"

"好，第一个问题：我认为创造力是提出新事物，但这种说法似乎过于简单，你如何定义呢？"

"嗯，我认为创造力包括三个方面：在新的或老的环境中，或两种环境都存在的情况下，发现或发明新的或老的事物的有价值的新含义。想想蒙娜丽莎（Mona Lisa）的微笑。"

"好，但是当你谈论含义时，你只是在讨论科学、数学、哲学、美术等学科吗？任何一个领域仅入门都需要几年时间，更不用说成为该领域的专家。这也是为什么有人投入那么多时间和精力却不能保证能提出新含义的原因。"

"这个问题问得好。当我们的文明还在早期时，探索含义往往总是能产生新的事物。那时几乎每个人都是有创造力的；我们就像孩子一样随时在发现或创造。随着文明时间的增长，我们的知识系统变得越来越复杂，但一个不变的事实是：只要我们进入未知的领域仍然能很容易得到回报。正如你读我的书时看到的，新量子世界观是基于意识是第一位的，而不是物质是第一位的；这是一个戏剧性的转变，即使是上面提到的复杂领域也充满开创性的探索机会等待你去发掘。"

"我读到过一些说法，即我们都生活在意识的海洋中。"你插话道。

"我很高兴你了解这些，因为我们需要大家参与到这种看待事物的新方式中来，这是我们应付全球危机的唯一机会。危机一直是唤醒我们创造潜力的号角。你做好帮忙的准备了吗？"

"是的，准备好了。"

"爱因斯坦（Einstein）曾说过一句话，大意是我们不能从问题产生的相同的理解状态解决我们的问题。因此，我们需要世界观的转变。量子物理学正是我们寻找的目标。"

"我明白你在说什么。当范式改变时，我们回到基础水平，这就意味着，像我这样的普通人更容易做出贡献。"

"没错，我给你讲个故事。一位权威人士雇用了一名船夫帮他渡过一条宽阔的河流。作为印地语专家的权威人士忍不住要展示他的优势。'亲爱的，你学的语法多不多？'他问船夫。'不多，先生。'船夫回答。"

"'这样的话，你半条命已经没了。'权威人士炫耀地说道。船夫继续划船，权威人士突然发现他的鞋子都湿了。这时船夫问，'你会不会游泳，先生？''不会。'权威人士说。'这样的话，你整条命都没了，'船夫回答，'我们正在下沉。'

"我用这个故事试图说明的是，在新科学面前，我们人人平等。而事实上原型价值本身是向创造性探索开放的。在历史上，我们将精神探索（spiritual exploration）称为另一种形式的创造力，在这种情况下，其为内在创造力。它不需要复杂的知识体系，虽然有些可能是有帮助的，但它确实需要发展我们的情商（emotional intelligence），这也是长期以来一直被人们低估的。

"当我们将量子物理学应用于我们自身时，一个令人惊讶的发现是，我们的行为不再局限于遗传学或环境，因为我们不仅把我们学习的知识存储于我们的大脑，也存储于非定域性的外部空间和时间，以这样的方式，我们在转世（reincarnate）时可以继续使用它们。事实上，我们已经经历了多个轮回以使我们具有今天的智商和情商。"

"我一直对转世很有兴趣。"你说。

"确实是这样，有理论和数据支持转世。"

"你让我对你的书越来越好奇。"

"那我就不需要花更多时间来推销我自己了，"绅士笑着说，"我把最后一个想法告诉你。进化是根本上的创造，而当我们与意识的进化运动相一致时，宇宙本身对我们的帆施加以风。量子思维超越了我们已有的认知，它包括无意识过程，这不仅扩大了我们的边界，而且还可以将我们从意识处理过程［有时也被称为'猴式思维（the monkey mind）'］产生的痛苦中解放出来。"

"我相信你的书会解释这一切细节，我很期待读一下。"你说，希望你是认真的。

要知道，我的朋友。

你如何看待世界取决于你的世界观——也就是你的概念镜头。

如果你的镜头没有放平，

你的世界可能看起来是机械的或二元的。

有了这样的世界观，

创造力也会凋零。

用量子观擦亮你的镜头吧，

通过具有创造力的眼睛，

再次观察这个世界。

2

人类的创造力和不同的世界观

科学唯物主义（scientific materialism）在过去一百年中的大部分时间塑造了现代科学和西方社会。通过强调外部世界，唯物主义已经排除了与感觉、含义和直觉等内心体验的关联。它们反过来使艺术、人文、伦理、宗教和灵性边缘化，这些事实上就是我们的意识本身——笼统地说既包括学术界也包括整个社会。上帝已经声明存在一种错误，一拨玩世不恭的人不仅已经失去了他们的宗教信仰，而且包括他们对无形的价值观——爱、善良、正义、美，甚至是真理的信仰。

现代科学起源于努力摆脱中世纪基督教的宗教教条：愤怒的上帝统治着天堂，在我们死后发放奖励和惩罚。不幸的是，科学唯物主义哲学也是教条主义。这点是毫无疑问的，没有科学证据可以证明一切都是物质的这种说法。事实上，反而有许多反面证据。

因此，原有的教条主义已经被一些新的教条主义所替代：譬如意识仅仅是可操作的语言；譬如无意识心理学只是触摸心理治疗的巫术；譬如思想就仅仅是脑子；譬如在达尔文进化论中，除非某东西自身具有某种价值，否则它对于知觉与感觉来说就一文不值；再譬如对于自我而言，只有心理与遗传具有调节作用。

如果自身不存在，如果意识只是幻影（mirage），如果除了物质相互作用没有其他来源的因果关系，我们又怎能走上最终创造的道路？我们如何才能给自己带来深刻的变化？要理解人类的创造力，我们需要一个新的范例，既包括物质又包括意识，必须包括人类的所有经验模式——感知、感觉、思维和直觉。我们已经发现了这样一个包容性的范例。我们称之为意识科学。它是基于量子物理学并假定意识为一切存在的基础（as the foundation of all being）的形而上学（Metaphysics）。

心理学家威廉·詹姆斯（William James）在年轻的时候，因为相信现实确定性哲学（Deterministic philosophy of reality）是正确的，即每一个运动都是由物理定律决定的而压抑沮丧。他病了好几年。之后，他发现了自由意志哲学（Philosophy of free will），并决定他的第一个自由意志行为就是相信自由意志。这一决定带给他的不只是健康的身体，还有一生的创造力。

现在，我们看到抑郁症（Depression）广泛流行，是因为人们在唯物主义世界观的精神和情感空虚中找不到满足感。幸运的是，我们找到了解药。接受量子物理学的概念就可以从根本上改变我们的科学世界观，将物质是第一位的变为意识是第一位的。下面是这门新科学的几个基本方面：

- 意识是一切事物的基础。
- 量子可能性（Quantum possibilities）或潜在性（Potentialities）超前于显化物质。现实（Reality）可以分为两个领域（Realm）——潜在性（Potentiality）与现实性（Actuality）。意识选择（Conscious choice）可以使可能性塌缩（Collapse）为显化现实性。由于这种选择产生于超越自我的意识状态，我们将其称为"更高"或"量子"意识，在思想传统上将其称为上帝。而且，由于我们的意识选择是通过更高的意识完成的，因此这个过程可以由术语"向下因果关系（Downward causation）"来描述。
- 一个整体的意识由四个量子可能性世界组成：物质世界是通过我们的感官感受到的世界，生命世界是我们能感受到能量的世界，精神世界是我们思考和处理含义的世界，以及凭直觉感受到的超越精神原型的世界——真理、美、爱等等。

- 意识选择可以使每个世界的量子可能性（波）塌缩进入显化领域（现实的）。多个平行世界没有直接的相互作用，意识为它们的相互作用提供桥梁（图1）。

- 塌缩是非定域性的，这意味着它不需要定域通信或信号交换。由信号完成定域通信的需求仅适用于时空。量子意识是非定域性的，因此不在空间和时间范围内。

- 从可能性到现实性的量子塌缩（Quantum collapse）是不连续的。"先验（Transcendent）"这个词，我们将其应用于纯潜在性的现实，表示非定域性和不连续性。

- 在纯潜在性的先验量子领域，意识仍然与它的可能性不可分割，且无任何经验。塌缩产生"缘起合作（Dependent co – arising）"的经验主体和有经验的客体。

- 创造力从根本上说是一种意识现象，其从先验潜在性不连续地显现真实的新的可能性。这也是为什么在古老的传统中，创造力被称为（先验的）天和（固有的）地的联姻。

- 心智（mind）让意识与物质的相互作用有了意义。

- 创造性工作（Creative work）的价值来自于我们的直觉，即柏拉图（Plato）所谓的原型（Archetypes）。

- 大脑的作用是对精神含义（Mental meaning）进行再现。

- 创造力是发明或发现新的含义。真正的新事物是指用旧的或新的原型背景及其组合发明或发现新的含义。

当我们用意识的科学新范式去理解创造力时，我们给每个愿意接受他们自己在创造他们的生命体验中发挥核心作用的人以创造空间。它也告诉我们外界环境发挥的作用，以及你对此可以做什么。创造力包括从量子可能性进行意识选择的因果力（Causal power）。如果你学会利用此因果力并显现其信息，你就可以创造你希望的生命体验的方方面面。

弗洛伊德（Freud）和荣格（Jung）是正确的，他们认为我们的无意

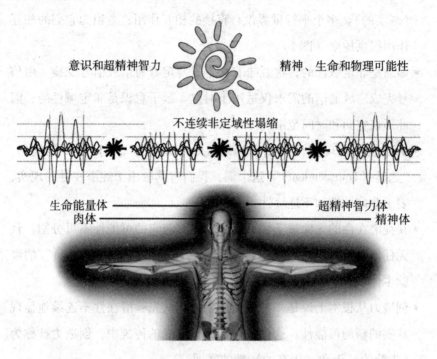

意识和超精神智力　　　　　　　　精神、生命和物理可能性

不连续非定域性塌缩

生命能量体 ——————　　　　——————超精神智力体
肉体 ——————　　　　　　　——————精神体

图1　心身平行论（psychophysical parallelism）和向下因果关系（downward causation）如何创造我们的四种体验

识对创造力有很大作用，并将无意识定义为被压抑的个人的和集体的宝库。量子物理学将无意识的一个更广阔的画面呈献给我们：隐性的可能性领域。

对于大多数人来说，创造动机（Creative motivation）需要危机时刻——无论是外部的（比如我们的生存遭到了威胁）或受到强烈痛苦的内部危机。但是为什么有些人在未遭受危机时也能有如此强烈的好奇心？答案之一可能是一个或多个和我们密切相关的价值观对我们的激励：爱、美、正义、善良和真理。当你在自己的创造之路上行进时，你想认识原型的好奇心将使你获得牵引力。当这些事情发生时，进化自身也就发生了。在当代科学中，"进化"有着一个达尔文（Darwin）猜测过但未囊括进他的理论中的方向——表达和呈现人类典型的经验和生活。或者，把它更诗意一些，在地球上显现天堂。当我们使自己与宇宙的进化目的相一致时，我们的好奇心会变得更加强烈。

简单地说，这就是本书的中心思想。我们通过创造性选择创造了自己的生活，即新的潜能性塌缩为现实性。这个过程是可以被认识的，我们可以变得更善于处理它。进化的新理论告诉我们通过把握生命中的创造之旅，我们可以达到推进意识的进化运动这一目的。

创量 **量子创造力有什么用**？
造子

如果创造力不能通过机械的剪切和粘贴实现，那么量子创造力能为你和我做什么呢？

- 量子创造力使我们能够解决需要整体解决的异乎寻常的问题，如环境的降解问题。
- 量子创造力使我们能够探索我们生命的含义以及我们周围世界的含义。它激发我们所在的星球上意识的创造性进化。
- 量子创造力不仅使我们探索原型，也使我们表现它们。
- 量子创造力使我们能够直接去探索三大量子原则：已经提到的不连续性和非定域性，以及第三点，纠缠层次（Tangled hierarchy，见第3章）。探索不连续性可以教给我们一般的智慧；非定域性的探索可以教给我们生态智慧；纠缠层次的探索可以提高我们的情商。
- 量子创造力使我们学会如何在真正的自由中运作，教会我们真正的责任。
- 量子创造力使我们能够融合我们的外在和内在生活。
- 量子创造力使我们能够实现精神满足。
- 量子创造力可以帮助你富裕并出名，如果这就是你所追求的目标的话。

真正的创造力的精灵被我们大多数人所束缚——要解放它就要成为自己生活的建筑师。了解人类创造力需要什么，它在我们的自我发展中起着什么样的作用，我们的创造性过程是如何运行的，以及我们的动力来自于哪里，了解了它将有助于我们很多人突破束缚自我的屏障，体验生活的快乐，并做出改变。你的创造力能像爱因斯坦（Einstein）或甘地（Gandhi）一样表达自己吗？这由你决定。

想要具有创造力吗？

有问题要问吗？

你的问题就像萤火虫的一瞥，

是心灵的呼唤。

你是否听到可能性之浪在拍打你心灵的海岸？

透过量子之窗去观察这个世界，

用原本的自我去面对一切，

量子跃迁终会带给你惊喜。

3

这是创造力攀登之峰：量子

一个关于印象主义画家勒内·马格利特（René Magritte）的非常有名的故事讲到，有一次他走进一家商店，想买一些荷兰奶酪。当店主伸手去拿展示窗口里的奶酪时，马格利特坚持说他想要一块存放在里面的从奶酪轮子上切下来的。"但它们都是一样的奶酪。"店主大声说。"不，夫人，"马格利特说，"在橱窗里的已经被来来往往的人看了一整天了。"

你可能会认为马格利特是一个古怪的艺术家，但量子物理学带来的新思维认为，当我们通过简单地看来衡量对象时，它们只是意识对可能性的一个选择。这似乎支持马格利特的说法：看会使事物发生变化。事实上，一切都发生了改变。

事物是如何改变的？这至少可以说令人感到费解。但这是一件好事，量子物理学应该对我们有此影响。正如物理学家尼尔斯·玻尔（Niels Bohr）曾经说过的，"如果你对量子物理学没有困惑，你就不可能真正懂它"。

让我们从头开始。当我们说一个量子对象作为潜在性和可能性存在时是什么意思？以一个电子（Electron）为例，测量其位置需要一个实验装置如盖革计数器（Geiger counter）。研究者在释放电子的房间内设置盖革计数器的三维网格。在一个给定的测量中只有一个盖革计数器能够标记——电子仅出现在一个地方。在另外的测量中电子会触发盖革计数器的不同位置。如果我们大批量地做此测量，电子的位置看起来像一个钟形曲线（图

2），这与量子物理学预测的结果是一致的。因此，在潜在形式中电子在房间里无处不在，但在一个给定的观察中它只出现在一个地方。

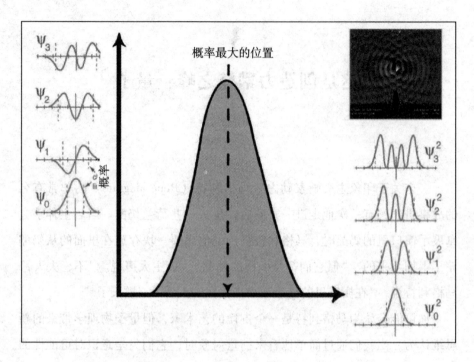

图 2　量子的概率分布（钟形曲线）

　　好吧，你可能会想，这有点奇怪，但并不高深莫测。不用急，还有更多。盖革计数器本身由亚原子粒子构成，所有这些亚原子都是可能性波。因此，我们使用的这个测定电子位置的工具也仅仅是可能性。双重的可能性只能使你得到更大的可能性。即使是你，这个观察和做实验的人，也是由可能性的基本粒子构成的。再加上电子和盖革计数器，你的存在将产生一个更大的可能性波，而不是现实性（图 3）。

　　为什么在人类观察者存在的情况下，一个或另一个在网格中的盖革计数器总是可以标记的？这种观察者效应（Observer effect）如何解释呢？

　　百思不得其解？但这是毫无疑问的。这种量子测量悖论使量子物理学家几十年夜不能寐。当你知道了数学家约翰·冯·诺依曼（John von

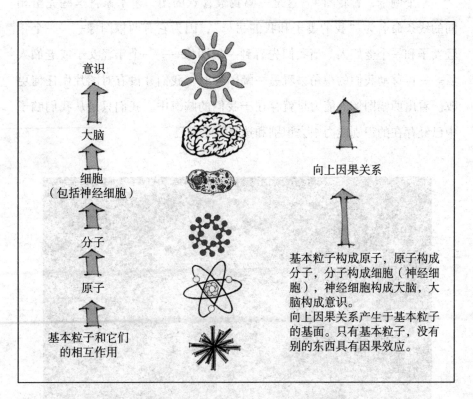

意识

大脑

细胞
（包括神经细胞）

分子

原子

基本粒子和它们
的相互作用

向上因果关系

基本粒子构成原子，原子构成
分子，分子构成细胞（神经细
胞），神经细胞构成大脑，大
脑构成意识。
向上因果关系产生于基本粒子
的基面。只有基本粒子，没有
别的东西具有因果效应。

图3　可能的意识，再加上可能的对象，会产生更大的可能性，而不是现实性。

Neumann）提出的一个定理：任何物质的相互作用都不能将可能性转换成现实性时，这个悖论变得更加复杂。冯·诺依曼认为，人类观察者不仅仅由基本粒子构成；观察者还具有意识——可以提供认识能力。这种意识从多面可能性波中选出一面，并塌缩到一个特定面。对于上面的电子而言，这是指一个特定的位置。

悖论解决了吗？是的，但现在我们用一个新悖论代替了原来的悖论。意识与物质的电子怎样相互作用以做出选择？任何相互作用都需要携带能量的信号，但意识似乎不具有这个特性。答案是这样的：意识是一切存在包括物质的根本；当从物质的可能性中进行选择时，意识是从其本身进行选择，因此不需要信号。

举个例子，看看图4，这是一幅我最喜欢的图，艺术家将这些完全相同的线条命名为"我的妻子和我的岳母"，因为它有两幅图像——一个年轻女子和一个老妇人。当我们先看到一幅图像——一个年轻女子或老妇人后——再移动我们的视角去看另一幅图像时，我们并没有对图片做任何更改。看出两幅图像的能力早就存在于我们的脑海中。我们只是从我们脑子中已经存在的识别能力中去识别和选择一个而已。

图4　格式塔（Gestalt）图片，我的妻子和我的岳母。

如果我们可以凭经验表明无信号或非定域性通信确实存在，那么这个理论就可以被证实。碰巧的是，1935年量子物理学家已经认识到量子物理学存在非定域性通信这种"怪异的"可能性。在量子物理学中，我们可以通过让两个不同的物体相互靠近以发生一点相互作用。量子数学（Quantum math）显示在此之后两个物体保持相互连接，或进行非定域性无信号通信——即使在它们没有相互作用或分开很大距离时（图5）。非定域性相关存在于超越时空的互联性（interconnectedness）区域。

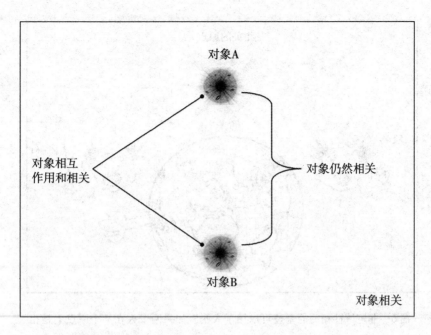

图 5　如果两个量子对象相互作用，那么它们通过这种通信方式变得相关，即使当它们分开一段距离不再相互作用时仍然相关。

即使我们接受了原子粒子世界的量子怪异现象，但是承认我们生活的日常世界中的非定域性似乎是荒谬的。如果人们之间的相互关系和光子之间的相互关系以相同的方式运作，那当两个人以某种方式相互作用然后移到地球相反的两端时，如果其中一个摸到了仙人掌感到刺痛，那么另外一个也应该感到刺痛（图6）。

有证据表明，这个荒谬的想法很接近事实。由墨西哥神经生理学家雅各布·格林贝格–济尔布波姆（Jacobo Grinberg–Zylberbaum）和他的合作者完成的实验，以及20多项其他实验，直接支持人的大脑之间存在量子非定域性连接的想法。在这些实验中比较典型的是，两个受试者会被要求在一起冥想20分钟以建立"直接通信"，或相互关系，然后他们在实验期间分别进入独立的法拉第室（Faraday chambers，阻止所有电磁信号的封闭空间），在此期间他们通过冥想进行直接通信。

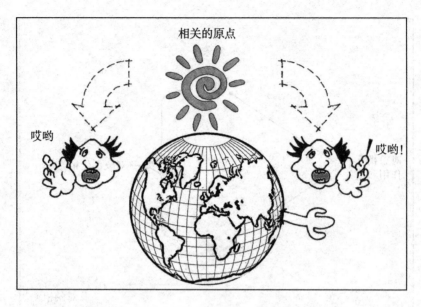

图6 非定域性相关的奇迹可以用于人吗？如果两个人在某个原点上是相
关的，如果一个人碰到仙人掌，那么另一个人也会感到刺痛吗？或
者这只是一个比喻？

　　然后他们的大脑分别连接到独立的脑电图（Electroencephalogram，
EEG）机上。此时让其中一名受试者看到一连串的闪光，这些闪光在他或
她大脑中会产生脑电活动。实验人员通过连接到受试者大脑的脑电图记录
仪，提取到一个称为诱发电位（Evoked potential）的信号。令人惊讶的是，
在大约四分之一的案例中，未受刺激的受试搭档大脑也显示形状和强度与
诱发电位相似的脑电活动。没有一起冥想或不能建立或保持直接通信的对
照受试者则没有显示任何传递电位（Transferred potential）（图7）。

　　对此直接的解释就是两个大脑充当非定域性"相关的"或"纠缠的"
量子系统。作为两个相关的大脑，只刺激其中一个产生的反应，非定域性
量子意识塌缩使两个大脑产生基本相同的反应状态。显然，相关的光子和
相关的大脑之间有惊人的相似之处，但也有显著的差异。在前面的情况
下，一旦可能性波在测量时塌缩，受试对象就变得不再相关；然而，在相

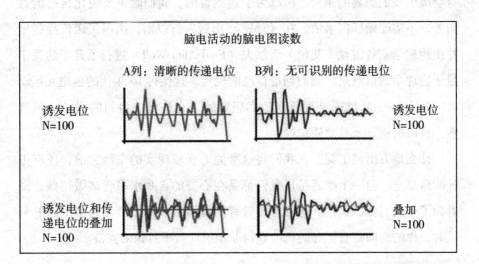

图7 传递电位。A列：在格林贝格－济尔布波姆的实验中，如果两个对象相关，
    并且其中一个对象会看到一连串的闪光，产生明显的可以由连接于头皮的脑
    电图测量到的诱发电位，在未受刺激的受试对象脑电图上也会出现相似强度
    和相位的传递电位。B列：即使在受到刺激的对象的脑电图上出现明显的诱
    发电位，不相关的对照对象也不会显示传递电位。

关的大脑情况下，意识保持相关需要 100 个左右闪光以获得平均的诱发
电位。

　　这种差异非常显著。相关光子的非定域性，虽然在证明量子物理学的
极端方面非常突出，但不能用来传送信息。但在相关的大脑情况下，基于
所传送的脑电位，实验者可以很容易地得出相关的受试搭档已经看到了光
刺激这样的结论，这是一种信息传送。

如果你正在探索显现化的秘密

　　畅销书和电影《秘密》（*The Secret*）告诉人们，为了显现自己想要的
生活，他们需要做的是形成正确的意向。基于这个原则可以知道，我们本

身会吸引我们想要的东西。所以为了达到目的，我们除了要锐化自己的意向外，不需要做任何事情。在《秘密》出版发行以前，由冯·诺依曼提出并由物理学家费雷德·艾伦·沃尔夫（Fred Alan Wolf）进行了升华的关于量子物理学的信息是：我们创造自己的现实。这使得70年代的新纪元运动者（New Agers）试图显现任何他们想要的（也许是一盎司的锅？）。但当然，自由的锅从未被物质化过。

什么地方出错了呢？在我们将这种能力变成现实的东西之前，还有很长的路要走，但一个障碍是，我们都是在心智的自我水平尝试做这些，或者为了个人利益做这些。随着思想教育的日益增多，如果你为了更高的利益时，你的意向将有更好的机会获得非定域性量子意识的支持。

多重创造力

如果我们将非定域性观点应用于创造性行为，就会得出两个人之间虽然在时空中没有任何定域性联系，但他们会有相同的创造性想法的结论。这种相关创造力的证据已经出现在许多重大发现的实例中，它们由两个或多个人在独立的时空中同时发现。

一名年轻男子维尔纳·海森堡（Werner Heisenberg），在他二十多岁时，发现如果他把可能的量子跃迁带到一个原子中，并将它们排列成阵列，这些阵列将组成一个方程式，这是经典物理学家没有见过的，所有这些新性质会产生新的物理学。这些阵列在数学中很有名：它们被称为矩阵。但是，海森堡从来没有听说过这些，也很少有人曾把这些量用在物理学上。它们与普通的数字有很大不同。如果将3乘以4，你会得到12；如果你将4乘以3，你仍然可以得到12。对于普通的数字，乘法顺序没有什么区别——这个性质称为可交换性（Commutativity）。海森堡发现的新量子量，即矩阵，不能交换。对它们来说，你进行乘法的顺序会得到不同的结果。这个有点像约会的场面，你问"你喜欢我吗？"和"你爱我吗？"这两个问题的顺序是非常重要的。

参加完物理学家路易斯·德布罗意（Louis de Broglie）发现物质波性质的研讨会后，化学家彼得·德拜（Peter Debye）对物理学家埃尔文·薛定谔（Erwin Schrödinger）评论道，如果物质是一种波，必然存在可以适用于物质的数学"波动方程"。德拜当时可能已经忘了他自己的妙语，但他的评论激发了薛定谔去发现物质波方程，现称为薛定谔方程（Schrödinger equation）。这个发现与海森堡的发现相同，但形式不同，同时另一个伟大的量子物理学家保罗·狄拉克（Paul Dirac）也证明了此方程。类似地，艾萨克·牛顿（Isaac Newton）和戈特弗里德·莱布尼兹（Gottfried Leibniz）几乎同时发现了微积分（Calculus）是多重创造力的另一个例子，如果我们没有被不同的形式所迷惑的话。非定域性指的是空间和时间，而多重发现事件不必是同时的。

也有一种不同种类的非定域性的传闻。小说家伊莎贝尔·阿连德（Isabel Allende）在写她的第二部小说《爱情和阴影》（*Of Love and Shadows*）时有一个关于1973年发生在智利（Chile）的政治犯罪的惊人经历。那个军人杀害了15人并将他们的尸体隐藏在一个废弃的矿井里，多年后天主教会（Catholic Church）的会员们在那里发现了他们。阿连德无法了解发现过程的具体细节，因此通过想象还原了事件经过：一个牧师在凶手告解时意外听到其犯案细节，凶手去到矿井，拍摄了照片，并将其隐藏在自己的蓝色毛衣里。多年以后一个牧师找到她，证实她想象的故事完全都是真的，甚至包括细节——将照片包裹在蓝色毛衣里。"我认为这是在说一个预言家或具有千里眼能力的人。"阿连德说。

情况基本相同，当小说家爱丽丝·沃克（Alice Walker）在写《我熟悉的庙宇》（*The Temple of My Familiar*）时，她觉得"与我们都具备的古代知识相连接，真正的问题不是努力尝试学习东西而是记得"。这是量子的非定域性随着时间推移的另一个很好的例子。

不连续性：发生量子跃迁

虽然有许多数据表明不连续性是创造性顿悟的一个特征，但一些研究者难以接受这一点。如果你有类似的困难，可以看一下尼尔斯·玻尔的工作。玻尔说，"当原子中的电子从轨道跃迁，它确实不通过中间空间（图8）。电子先是在这里，然后它在那里。它从旧轨道消失然后重新出现在新轨道，并且不通过轨道之间的空间，瞬间转移。很像灰姑娘（Cinderella）不敢相信眼前的南瓜变成马车一样，或者梅林（Merlin）将亚瑟王神剑变成一块石头。"

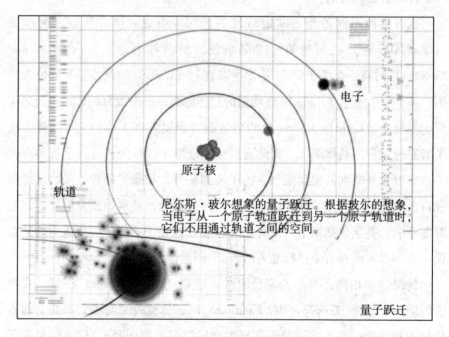

电子

原子核

轨道

尼尔斯·玻尔想象的量子跃迁。根据玻尔的想象，当电子从一个原子轨道跃迁到另一个原子轨道时，它们不用通过轨道之间的空间。

量子跃迁

图8 量子跃迁。当电子不连续地从高能级轨道跳跃（用"突然出现"表示）至低能级轨道时就会发出光。原子的轨道可以看作梯子的横档。电子不连续地突然从高能级轨道离开进入低能级轨道。

没有这种魔法，没有这些量子跃迁的话，我们能够理解量子物理学吗？起初共同发现量子物理学的薛定谔拒绝接受不连续性。当薛定谔在哥本哈根（Copenhagen）拜访尼尔斯·玻尔时，他一直反对量子跃迁。然而最终他承认了这一点，伴着情感的爆发："如果我早知道，人们必须接受这该死的量子跃迁，我绝不会参与量子物理学。"对此玻尔回答说，"但我们都很高兴你做到了。"

量子创造　你的创造意向在哪里发挥作用

那么，为什么我们发现宇宙在那里而白菜在这里，它们几乎完全在我们根据牛顿物理学预计它们应该在的地方？我是在要求你相信你所在的房间，所用的办公桌，太阳下的地球，当没有人看时一切都会从现实消失吗？不完全是。量子物理学家并不主张当我们把目光移开后，原本存在的一切都会变得不存在。它们仍然存在，但只是作为潜在性存在。

此外，分子量大的物体由内聚力（Cohesive forces）聚在一起，所以它们在固定位置完成波动，类似一根吉他弦。事实上，量子数学在此方式下有效：对于重的物体作为一个整体，其可能性频谱是十分有限的。书桌具有非常小的波动余地（计算表明，该书桌的重心移动可能性在大约10—16cm左右的范围内），所以每当你用眼睛观察时，你会看到的书桌基本上是在同一个地方。这是好事。物质的宏观不变性（Macro fixity，即稳定性）的一个重要方面是，它支持生命能量和精神含义（比如通过肺和声带演讲的声音）的相关存在。最后，在宏观世界的不变性将我们看到的对象作为参考点！

意识利用总物质（Gross matter）和细微能量（Subtle energy）来发挥作用。通常对于物质来说，这种作用有很多不变性。然而，当细微能量参与意识时，那么创造力就有可能甚至很可能发生。在量子性大脑和心智

（Mind）构成的可能性能够使意识创造无尽的新事物。只有当大脑和心智的量子性被抑制时，条件性行为才发挥作用。

量子 谁创造？你创造
创造子

如果意识是一切存在的根本，如果它无所不在，那潜在性岂不是应该一直在我们周围塌缩？意识的存在本身不会导致潜在性的现实化。当具有大脑的观察者同时又具有观察的意向时，才会发生塌缩。非定域性意识总是在潜在性领域中选择，但选择的效果发生在现实显现领域。

旧的量子测量悖论（Quantum measurement paradox）是存在的。对象塌缩到显现化需要观察者的存在（经历观察的主体），但没有塌缩的话观察者（主体）也是具有潜在性的。这就导致了一个"先有鸡还是先有蛋"类型的问题：什么是第一位的，认知的主体（即正在经历）的主体还是被认知（正在被经历）的对象？二者皆不是答案，认知的主体和客体由向下因果关系（选择）通过大脑里的量子测量活动共同创造。这里关键的一点是要认识到大脑是非常特殊的。在观察者的大脑里，可能性塌缩，尽管我们从来没有看到大脑在工作，但我们确实认同它在工作。这是因为大脑中构建有一种"纠缠层次（Tangled hierarchy）"。

什么是纠缠层次？即在一个简单的层次结构中"低级"水平影响"更高"水平。例如，一个空间加热器给房间加热，而不是反过来房间给加热器加热。在存在简单反馈的情况下，较高的水平做出相应的反应（例如，如果空间加热器具有恒温器），但我们仍然可以知道较高和较低的层次。与此相反，在纠缠层次中水平的因果性是交织在一起的，以致我们不能识别出哪些是较低水平的，哪些是较高水平的。

作为纠缠层次的一个例子，看如下的陈述：这句话是假的（This sentence is false.）。如果这句话是假的，那么它实际上是真的，这也意味着它是假的，如此循环往复。但是，这无限振荡——一个因果循环

（Causal circularity）——使得这个句子很特别。我们称这样的句子为自我参考。当你进入时你会被它抓住，但同时你又认同它。

在大脑中，感知（Perception）需要记忆，记忆也需要感知。我们不能确定这种因果循环怎么通过上级与下级系统产生，像我们在加热器和房间中所做的一样。换句话说，大脑的运转是一个纠缠层次。

当意识使大脑纠缠层次系统中宏观上可辨别的量子可能性状态塌缩时会发生什么？自我认同（Self-identity）。意识识别观察者的大脑，这正是发展使自己从所在环境中分开这种能力的原因。

量子测量悖论的解决也解决了感知悖论，你究竟是如何进入感知剧场的。当你的大脑能够辨别自己之外的东西时，毫无疑问它会产生图像，但是谁在看这个图像？一个小的你，一个侏儒，坐在大脑后面？如果是这样，那么又是谁在看侏儒？纠缠层次解决了这个困惑：对于大脑来说观察者变成了观察对象，意识等同于大脑，仅仅留下从你独立出的你看一个对象的印象。

但是请注意，由"这句话是假的"这个句子产生的循环依赖于一定的潜规则。这句话的循环对一个问"为什么这句话是假的？"的孩子来说不是显而易见的。英语语法规则和我们对此的遵守使纠缠能够成立。超越这句话意味着在一个不可侵犯的水平有所作为，不可侵犯是因为对这个句子来说不可接近。

同样，在观察者效应中量子意识的选择是隐含的，不是明确的。1号观察者，塌缩的表面作用者，与外部对象产生共依赖。量子意识作用于潜在性的先验领域，使大脑纠缠层次的可能性波塌缩，但是显现知觉中的我们无法察觉造成了塌缩。这就像著名的埃舍尔（Escher）的图片《画手》（Drawing Hands）（图9）：左手和右手似乎在互相画对方，但在不可侵犯水平的帘子后面，它们两个又都是埃舍尔画的。同样，经历者和被经历者，主体与客体，似乎被彼此共同创造，虽然在最终清算中非定域性意识是唯一的原因。

这种自我创造（Self-creation）在原型上描绘成衔尾蛇（Uroboros）——

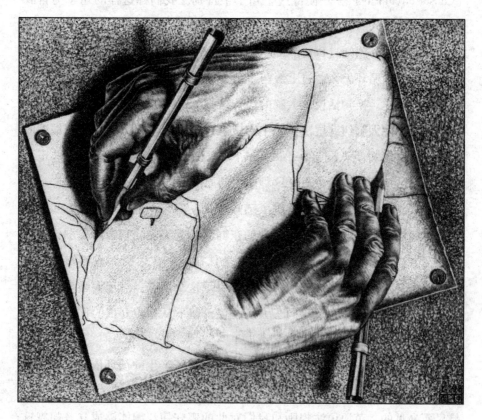

图9 M. C. 埃舍尔（M. C. Escher）的《画手》（*Drawing Hands*）。从纸的"固有的（Immanent）"现实来看，左手和右手好像在互相画对方，但实际上从先验的不可侵犯的水平来看，埃舍尔在画两只手。

条咬住自己尾巴的蛇：我选择，故我在（I choose, therefore I am）（见图10）。这种形式的自我意识我称之为量子自我（Quantum self），但在精神传统世界中它有许多已知的名字。例如，印度教徒用梵文阿特曼（Atman）指代它，而在基督教里它被称为圣灵（Holy Spirit）。

谁创造？你创造，但在你的量子意识（Quantum consciousness）中（即我们的祖先称之为上帝）这是无意识的存在状态。这种存在模式（量子意）和经历模式（量子自我）是所有创造性行为的重要角色。难道它们真的是意识的两种状态，由不连续性分开的两个独立领域？有许多创造

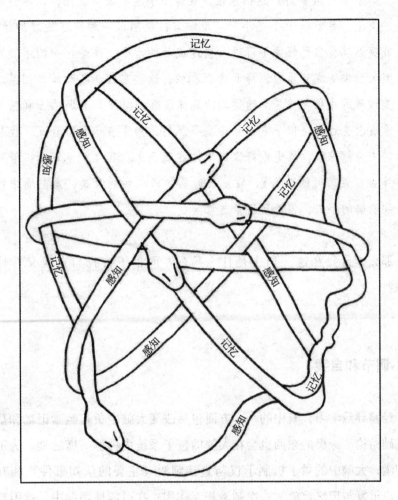

图 10　纠缠层次显现量子自我

性的例子来自从睡梦中醒来的那一刻即是这种情况。

　　看一下作曲家理查德·瓦格纳（Richard Wagner）描述的他在创作《莱茵河的黄金》（*Das Rheingold*）的序曲时的经历。瓦格纳散步后回到家上床睡觉，但很长时间不能入睡。各种音乐主题在他的头脑里徘徊，最后他开始打瞌睡。突然，他醒过来，著名的《莱茵河的黄金》序曲如创造源泉一样涌向他。

下午（散步后）返回家里，我伸个懒腰，累得要死，靠在坚硬的沙发上，希望睡上个把小时。没睡着；但陷入一种昏昏欲睡的状态，我突然觉得自己好像下沉进入快速流动的水中。哗哗作响的水流声在我大脑中变成音乐声，降 E 大调和弦，这些东西断断续续地回荡。这些破碎的片段似乎是加速运动的旋律段落，但降 E 大调的三和弦从来没有改变过，但似乎它一直在我下沉的元素中表达无限含义。我从打盹中突然惊醒，感觉就好像海浪冲在我头上。我立刻意识到，管弦乐序曲《莱茵河的黄金》，肯定长时间隐藏在我的身边，虽然它未能找到明确的形式，但最后还是透露给我。

那么，自我在这一切中是什么角色？而量子自我与自我又有什么关系？

调节和自我

经验导致学习，其中的一个方面包括改变大脑中负责经验记忆和呈现的基础结构。深奥的东西也会在大脑的量子系统中占据一席之地。为了响应刺激，大脑中的量子机制不仅与直接刺激（主要的认知事件）相互作用，也重复与记忆重放的二次刺激相互作用；在可能性塌缩中，这引起了二次认知事件。这些记忆镜子中的反射作为反馈发挥作用。

作为这种反馈的结果，实现某些以前经历的状态的可能性会逐渐地一步步提升。量子化的大脑会将以前学会的刺激变为条件性反射。概率分布将会由以前的钟形曲线变成锐利的尖峰。

我们根据反馈调整过的量子化大脑的条件性学习结果保存在哪里？量子动态调整可以用数学方程式表示。这些方程式是大脑的一部分，它们管理条件性大脑的行为。像任何物理学定律一样（其中数学是一种心理表征），它们存在于意识的非定域性区域，一种超出心理活动的区域。毫无疑问量子学习（Quantum learning）是基于定域性大脑记忆的，但来自于学习的倾向是非定域性的，它存在于空间和时间之外。

在我们的物理学发展初期，学习积累和调控反应模式开始控制大脑的行为，尽管事实上量子系统的多样性随时为新的创造性活动发挥作用。如果我们不能使用量子系统的创造潜力，如果我们不能参与主要认知活动，与记忆重现相关联的次级认知过程会开始占据主导地位。这样大脑纠缠层次的自由创造会被学习过程的条件性简单层次所代替。然后我们开始认同一个独立的、个体的自己，即自我，它认为选择是建立在过去经验的基础上，可能是用"自由意志（Free will）"作出的选择。但事实上，这个所谓的自我认同的自由意志仅存在于以下情况：将选择限定在条件性子集（conditioned subset）中，该子集包括一些可能的答案，在进行条件性选择（conditioned choices）时，总会从子集中得到一个答案。我喜欢把这称为——自我的"冰淇淋（ice cream）"意识：也就是在回答你喜欢什么口味的冰淇淋这个问题时，你会首先选择你最喜欢的巧克力口味；如果没有的话，则按照你的喜好顺序：香草、草莓口味等等依次往下选择；如果备选列表里没有你喜欢的口味，则回答"没有"。

量子/创造性自我与经典/确定性自我在创造性中扮演合创者

正如我们所看到的，成年人能够在自我认同的两种模式：自我和量子自我中运作（图11）。这种经典的自我模式，与我们连续的、条件性的和可预测的行为相关联，通过表现提升我们的创造性想法和含义以及用于表达的语境。它使我们能够制定和操纵成熟的创造性想法和含义，并享受我们的成就果实。量子自我是我们对新的含义和新的语境的直觉顿悟的体验者，是不能直接从以前的知识中获得的想象的灵感。

自我和量子自我是共同创造者。在创造活动的洪流中，作家、艺术家、运动员、音乐家，甚至科学家，都会在其中失去自我，因此能完全保

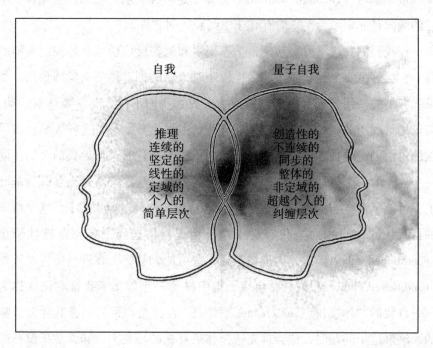

图11　自我和量子自我

证的只有他们的行为。客观－主观这种模糊的差别只能表明在创造的洪流中创造者不断地落入量子自我的纠缠层次。自我仍然在运行其显现能力，但只能作为次要角色。

　　爱因斯坦说，生活方式分为两种。一种是好像什么都不是奇迹；另一种是仿佛一切都是奇迹。当我们完全被自我束缚时，什么都不是奇迹。但是，当我们完成量子自我的创造性跃迁时，一切都是奇迹。

思想的量子本质

　　心智处理思想、对象的含义——但思想的运动是量子运动吗？物质的量子对象遵守不确定性原理（Uncertainty principle）——我们不能同时完全精确地测量它们的位置和动量。为了确定对象的运动轨迹，我们不仅需要知道这个对象现在在哪儿，还需要知道不久以后它将在哪儿。也就是说，同时需要知道其位置和动量。所以我们永远不能确定物质的量子对象的准确轨迹。

物理学家戴维·玻姆（David Bohm）指出不确定性原理对思想同样适用。如果我们专注于思想的内容（像我们通过咒语冥想那样），我们就会失去思想的方向；但如果专注于思想的方向，像我们自由联想（free - associating）时那样做，会导致内容的丧失。你不妨试试看。思想内容被称为它的特征，思想路线是它的关联。

因此，戴维·玻姆的观察（如果你已经尝试了这个小实验，那就是你的观察）显示思想是出现并且运动在我们的内在认知领域的量子对象，就像物理对象出现和移动在普通空间。但思想只出现在我们真正思考时的认知里。在测量之间、在思考之时，思想去了哪儿？它作为含义的可能性波回到了原始状态。思想非常像物质的量子对象，作为具有许多可能含义的先验潜在性存在于意识中，塌缩使它们以具有互补属性的形式显现，如具体的特征和关联。

量子画面迫使我们思考物理和精神世界的不同。通常情况下，我们认为这两个世界均是由物质构成的。是的，精神实质是细微的——私人的。我们无法像物理世界那样以同样的方式通过协商达成一致来量化它，但它仍然是物质的，或者我们认为它是物质的。我们需要改变这种观点。即使是我们认为的物理世界在永恒意义上也不是物质的，更何况我们所知道的精神世界。物理和精神世界始终保持其可能性，直到意识通过塌缩使它们变成真实的经历或对象使其实体化。

当我看到一朵玫瑰，在我的意识里会出现两个对象。一个是外在的玫瑰。这个玫瑰我可以和任何可能在看它的人分享；它是公开的。伴随着外在的玫瑰还存在一种思想的玫瑰——我所给予的外在玫瑰的经验含义。这种想法是内在的和私人的。只有我知道这一点。我的大脑可以和脑电图机相连，可以通过手术打开，或通过核磁共振成像使大家都能看到。但没有仪器能传达给别人玫瑰引起的我的内在认知的思想。但这是如何发生的呢？

随着意识认识并使大脑对刺激反应的量子可能性塌缩到某个状态，它也认识并选择相关的精神含义。因此，在感知过程中，意识通过大脑不仅表现出物理世界，也表现出随之而来的精神含义。精神世界有时被物理学家称为无限介质，由量子可能性波构成。在塌缩与经历之间，精神模式受快速量子运动的支配：它们迅速变为巨大的可能性含义池。这意味着，在我的塌缩和你的塌缩之间，在我的思想和你的思想之间，量子可能性已经扩大了这么多，以至于使你和我塌缩成相同的思想变得极其不可能。通过这种方式，使得思想是个人的，我们只能作为内在经历它们。

在本章前面我们讨论了大脑调节通过记忆的反馈机制对刺激进行反应。随着时间的推移相关的心智反应也是条件化和个性化的，以当我们经受刺激－反应增强的生活经历时，让心智获得特定的精神特征。换句话说，尽管你和其他人共享相同的潜在性心智（量子心智是一个不可分割的整体），但你个人的心智或自我是在你获得你自己的反应模式时形成的。

这种相似的过程在生命世界中给了我们一个个性化的生命体（Vital bodies），随着我们的成长，我们身体的器官变得条件化。这些个性化的生命体和精神体（Mental bodies）为你的创造性行为带来个性化。

在经典物理学中，条件具有确定性。

而在量子物理学中，只有模棱两可的可能性，

但却有更多的创造力。

在固化的经典形态中，

你也会固步自封。

而拥有了得天独厚的条件：

不害怕模棱两可——你就会获得重生。

你有很强的自我？

是吗？那去冒险吧，直到遇到你的量子自我。

看看这时会发生什么。

牛顿的食物很好；但味道总是一成不变。

尽情享受量子思维，

才能发现真正的创造力的美味。

4

心智的含义

看图 12 所示图片，在图 A 中，除了一堆锯齿形线外原图想表达什么是不是令你费解？难道这是一个丢失了两块木板的破栅栏？这些缺口中的线条代表什么？假设我们编一个故事以补充细节。比方说：一个士兵在栅栏后面遛狗。当然，在此刻，从这个角度，我们只能看到他的刺刀和狗的尾巴！你也看到了，是不是？

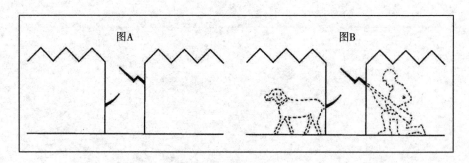

图 12　（A）从锯齿形线中你能看到什么含义？（B）艺术家的本意。

这是心理学课上一个我们如何创造含义的典型练习。我已经说明，我们备受赞誉的大脑皮层本身不能创造含义，它只是一个信号处理中心。是心智给了物质世界的事物以含义，包括大脑的符号。换一种方式来说，句子具有结构，它的语法确保了单词以有序的方式排列在一起。但语法不能使你了解句子的含义，也就是它语义学的内容。这是额外的事情。

电脑也是从符号处理跳到含义/语义。含义存在于计算机程序员的头脑中，然后在他或她的软件程序中利用符号表达出来。同样，当我们的头脑赋予对象或刺激物以含义——物质的、生命的、精神的或超精神的——意识利用我们的大脑去表达精神含义。每当大脑表现被激活时，我们相关的心智表达出相应的含义。

在我们的想象（Imaginations）中，我们以连续的方式从大脑已有的表现和它们相关的含义中创造新的含义。你如何画一幅画或雕刻一尊雕像？你会用铅笔和纸，另外可以肯定的是你还需要想象力。你会利用想象力和记忆中已存在的模型在脑海中想出你要绘制或雕刻的形象：只有脑、手、铅笔和纸（或脑、手指和黏土）配合才能创造出实物。这肯定不会是原创的，原创需要创造力——不连续性，而不是连续性。

创造量子 从一块砖头到一条红色的裙子：含义的语境背景

你可以用砖头做出一件红色的衣服吗？成年人往往很难对这个问题给出一个答案。但是，一个孩子可能会建议：如果我们在一个建筑的外层用砖搭建，那红砖就可以作为建筑的红色礼服。这种从平常看砖的方式转移到语境背景的改变，这正是想象力没有被限制的儿童所擅长的。

从词源学上讲，"语境背景（Context）"这个词来源于两个拉丁词——"在一起（Com）"和"编织（Texere）"。语境背景指的是一个系统和它的周围环境，一个在地面上的人物和地面的关系。也许你对语境背景最熟悉的经验就是一个词的含义在不同的语言背景下是会变化的。如下面这两句话：

驴（Ass）是一种有用的家畜。

不重视语境背景的人是蠢货（Ass）。

"Ass"这个词在第二句话中具有不同的含义，因为它被用在新的语境背景中，用在新的词语并置（Juxtaposition）中。爱因斯坦在他的论证中给了语境背景一个现代 - 经典例子，即主观的时间不是固定的实体。如果你坐在热火炉旁一分钟，它会看起来像一个小时；但你和自己的心上人待上一个小时会觉得像一分钟。

根本创造力和情境创造力

利用这种语境变化的观点，我们就可以区分两种类型的创造力——根本创造力（Fundamental creativity）和情境创造力（Situational creativity）。根本创造力产生一个真正的新的和创造性的含义，因为它至少在原型语境背景中是原创的；另外，也有可能是在新的物理和精神环境中。现在我们有一个根本创造力的明确定义：在新的语境背景中将原型价值新的含义表现出来。

什么是新的情境创造力？情境创造力是从旧的原型语境背景中发现我们还没有探索出的有价值含义的部分。此外，当我们组合旧的语境背景，同时也存在发现新的价值含义的可能性。所以情境创造力包括创造一个新的产品、通过一个旧的原型语境背景或组合旧的原型语境背景反映出价值新含义来解决一个问题。另外，还可能包括物质和精神语境背景。情境创造力产生的新含义适用于特定情况下有限的舞台，而根本创造力适用于许多情况。

没有计算机算法可以识别新的含义，所以情境创造力也是创造性思维的属性，虽然产生的含义没有新语境背景的改变那么有革命性。在寻找价值含义的过程中，通过情境创造可以成功发现新的解决方案。正是新颖性将情境创造力与问题的解决区分开来。

有一些数据有力地表明，机械地解决问题确实不是创造力，甚至不是情境创造力。创造力测试可以衡量一个人在尽可能多的语境背景下对事物的思考能力。他们问像这样的问题：你有多少种使用电风扇的方法？对于给定的故事你能想出多少个标题？如果语境背景探索是我们为了创造力要做的，那么这种"发散性思维（Divergent thinking）"测试肯定是有挑战性的。而测试是一致的：当一个人再次进行测试时，他或她往往得到一个类似的分数。但似乎存在测试者的考试成绩和实际创造力之间不一定相关的问题。从解决问题的琐碎语境背景转变到有意义的创造力语境背景绝不是一件简单的事情。

总之，创造力的本质，不管是根本的还是情境的，都包括意识、含义和价值。将量子物理学定义在意识而不是物质是一切事物的根本，创造力的所有这些重要方面都包括进去，那么这个模型就是科学的。

创量造子 打破思维定式：九点问题

下面的问题被称为九点问题（Nine-points problem）：

铅笔不能离开纸的情况下，连接一个 3×3 的矩形排列的九个点的最小的可能的直线总数是多少（图 13A）？看上去好像需要 5 条线（图 13B），不是吗？那太多了。你知道如何用更少的直线完成这个工作吗？

也许不会。和大多数人一样，你可能认为必须在矩形阵列最外面的点形成的边界以内画线连接这些点。如是这样，你已经把自己限制在不必要的解决问题的语境背景中。你是在一个盒子里思考问题，你必须移出盒子找到新的、更广阔的语境背景，这样用更少数量的直线就可以完成这个工作（图 13C）。这种将边界扩大超越现有的语境背景的想法——打破成规——对创造力来说至关重要。有时创造力可以简单到认识到未被禁止的就是允许的。

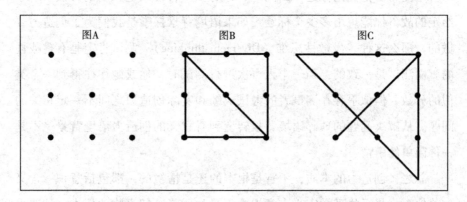

图13 （A）九点问题。在铅笔不离开纸的情况下，用尽可能少的直线连接这些
点。（B）很多人最先想到的解决方法。他们在现有的信念系统的盒子中思
考问题。（C）九点问题更好的解决方法。扩大你的语境背景。打破成规。

创量造子 一个根本创造力的例子：玻尔原子模型

在20世纪早期的物理学家欧内斯特·卢瑟福（Ernest Rutherford）将
太阳系旧的语境背景与原子新的语境背景结合在一起。他认为，正如由于
太阳引力造成行星围绕太阳旋转，电子可能会围绕原子核旋转。这是情境
创造力一个很好的例子，但不是根本创造力——至少此时还不是。该模型
有一个问题。根据经典物理学定律，电子通过不断地发射辐射损失能量，
最终一定会盘旋而下并撞上原子核。卢瑟福的原子模型是不稳定的。

尼尔斯·玻尔针对这个两难问题，在老的牛顿物理学已经建立的语境
背景之外发现了一种非常规的答案，从而为新物理学铺平了道路。玻尔认
为，原子中电子的轨道是离散的和静止的；它们是"量子化的"，是冻结
的空间站。电子只有在改变轨道时才发出辐射，而不是在这些轨道时（违
反了当时公认的物理学规则）。此外，当电子改变轨道时，它的运动是不
连续的；这是一种不连续的跳跃，称为量子跃迁（见图8）。

量子跃迁的观点是一个彻底的改变！量子跃迁就像是从梯子的一个梯级跳到另一个梯级而不用通过中间的空间，这些是人们从来没有见过的。为了证明原子中的这种跃迁确实存在，玻尔自己也需要不连续的跃迁——他理解的物理学语境背景的转变，从对牛顿定律假定的运动的连续性的盲目依赖向新的尚未被发现的量子定律转变。这是根本创造力的一个典型的例子。

当玻尔完成了他激进的新发现的一篇论文，他寄给在英国的卢瑟福，这是出版过程的一部分。但卢瑟福难以接受玻尔的突破。玻尔不得不前往英格兰以亲自说服卢瑟福。据说，当物理学家乔治·伽莫夫（George Gamow）带着玻尔的工作给爱因斯坦看的时候，爱因斯坦的眼睛闪着兴奋的光，因为他一眼就看出了玻尔的发现作为科学的最伟大成就将创造历史！

情境创造力

作为情境创造力的一个例子，看看亚历山大·格雷厄姆·贝尔（Alexander Graham Bell）是如何通过直接的类比感知从而发明了电话。下面是贝尔写的关于他的发明过程：人耳的骨头与操作它们的极薄的鼓膜相比差异是巨大的，这让我很吃惊，如果这么纤薄的鼓膜能够移动相对来说如此巨大的骨头，那更厚和更结实一点的膜是不是可以移动一块铁呢？这个想法就这样萌发了……电话也就这样发明了。

为什么贝尔在那么多人失败的情况下成功发明了电话呢？是什么让这些人如此特别？是什么给了他们从脑海里（包含各种已知的语境背景）搜索合适的"问题空间"的能力，或鉴别和预感新的含义和价值的能力？

关键是语境背景的特定组合，或特定类比导致的情境创造力不能简单地从现有语境环境中预期到。这种惊喜恰好发生正是因为意识看到了新的含义和价值。可以设想计算机也可以像贝尔那样通过搜索它的问题空间算法提出类比。计算机程序擅长将问题与之前已知有效的语境背景相匹配。在20世纪80年代出现了一个名为"腾飞（Soar）"的程序，当计算机给定一个新的问题，程序首先搜索一个适当的问题空间，然后在语境背景中寻找解决方案。如果陷入了僵局，它会转移到一个新的问题空间，依此类推，直到它找到解决方案。然而该程序的搜索不能涵盖新含义的程序，"腾飞"的所有算法都使用符号代表比较旧的含义。

著名的英国工程师约翰·阿诺德（John Arnold）认为，在工程学中对创造性项目的所有准备都可以通过一台计算机实现。但事实上，当计算机提出一些供选方案时，做决定的需求也随之出现。当然，计算机可以计算出每一条选择路径成功的概率，但是，对阿诺德来说最关键的是，计算机不能对预测的事物分配价值或含义，包括对预期制定标准，或判断原型的真实性或审美学。阿诺德说，"现在仍然还有充足的机会和必要性让具有创造力的人类来工作……在做决策的那一步。"

内在创造力

正如我们所看到的，创造行为是在新的和旧的语境背景中探索有价值的新的含义。爱因斯坦发现的相对论（Theory of relativity）彻底改变了我们思考时间的方式。在爱因斯坦之前，我们认为时间是绝对的，时间是独立于其他一切事物的。在爱因斯坦之后，我们用新的语境背景思考时间：相对性。时间是有弹性的，这取决于观察者的速度和与时空的关系。

假设一个学生想学习爱因斯坦的理论。在最开始时这是非常困难和模糊的，但在她学习的某个时间点，迎来了认识的黎明。她已经彻底摆脱了时间的旧观念，从这个新的角度，她能理解爱因斯坦。这是一个创造性行为吗？尽管在外部领域没有发现和发明语境背景的新含义，没有外部产品，但在内部领域理解了新的含义。当然，弄明白像相对论这样的事情需要的创造力远不如发现它或者将它应用于有意义的新语境背景中需要的多。然而，对她自己来说，她发现了思考时间的新的语境背景，而且这确实具有价值；对她来说这是一种创造性行为。

事实上，我就是这样一个学生，我对物理学的追求是由于第一次看到相对论的含义。同样，当我们读到像圣雄甘地（Mahatma Gandhi）、马丁·路德·金（Martin Luther King）或埃莉诺·罗斯福（Eleanor Roosevelt）这样的人物时，我们认识到，这些人物发现了服务人类的方式，而我们许多人没有。然而，他们发现的语境背景的变化是非常个人化的。这是否也有资格看作是创造力？

伊喜·措嘉（Yeshe Tsogyal）是 8 世纪的神秘主义者莲花生大师（Padmasambhava）的弟子，对佛教（Buddhism）在西藏的创立发挥了至关重要的作用。在她生活的某个时间她被一帮土匪强奸了，这帮土匪后来成为了她的弟子。是什么使得这些如此残忍的人彻底转变？某些人对世界文明做出重大贡献，如措嘉、释迦牟尼（Buddha）、老子（Lao Tzu）、摩西（Moses）、耶稣（Jesus）、穆罕默德（Muhammad）、商羯罗（Shankara），以及类似发现、经历并向全人类传达精神价值观的人。他们的发现是不是创造性行为呢？

那跟随这些大师的精神道路，并常常通过他们的努力和奉献阐明大师道路的人呢？他们的行为算不算创造力？

最后，有些普通人，他们发现了无私的爱，并用这种爱与他人、与世界相处，他们又怎么样呢？他们的发现是否算创造力？

对所有这些问题的肯定回答使我们看到，创造性行为可以分为两大类，我称之为外在的和内在的创造力。外在创造力在较大的世界获得客观的产品。内在创造力包括改造自我，获得主观但仍然可以觉察的产品。亚伯拉罕·马斯洛（Abraham Maslow）著名的积极心理健康理论就建立在实现某些内在需求的基础上，他认识到内在创造力的重要性并称之为自我实现的创造力；外在创造力被他称为人才驱动的创造力。

外在创造力行为通常是在已存在的语境背景下去评判的。新的语境背景添加到现有的环境中（正如我们在爱因斯坦发现相对论中所看到）。虽然外在创造力不仅仅限于天才，但外在创造力的舞台肯定是由我们现在看到的伟大的男性和女性来主导的。内在创造力，与此相反，是有关个人自身在获得新的个人体验和生活的语境背景中发生的转变。它在评价时不与他人做比较，而与旧的自我相比较。这里还有伟大的榜样（如佛陀、耶稣、摩西、穆罕默德、商羯罗等等）。但是，普通人会在他们的学习、理解中，也会在新的扩展的语境背景中展示他们的内在创造力。这些无名英雄对内在创造力的贡献构成了人类文明的中坚力量。

到目前为止，我们已经在基本层面上讨论了内在创造力。个人生活的语境背景的转变（我们可以通过一个人的行为识别）只产生个人根本创造力。他们的心灵感悟和生活经历帮助他们定义了一个"心路历程（Spiritual path）"。这些历程的扩展和解释构成情境创造力。这也是世界上大多数伟大的宗教和伦理道德系统的知识体系被创造的根本。

概括起来，创造力现象可以通过四分法（Four-fold classification）图式显现（图14）。当你意识到创造力的广阔范围，这既震撼人心也鼓舞人心，不是吗？

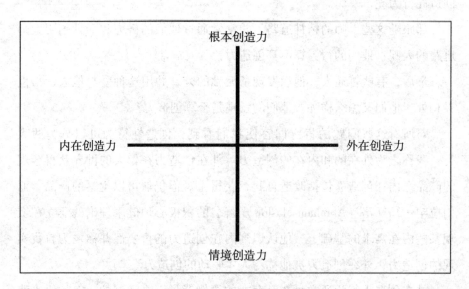

图 14　创造力的四分法

什么是创造力？

我们都知道，创造力就是创造新事物。

如果你的创造源于把已知的元素进行新的组合，

那么，这种创造力可以称为情境创造力。

只有当你的创造之花，

在新的语境背景下开放，

并反映新的原型价值，

这才可以称为根本创造力。

你可以向别人炫耀，

来自于外在创造力的成果，

就像与别人分享，

开放在阳光下灌木丛中花的芬芳。

但如果你自己是盛开的花，

那它一定是开放在内在创造力的土壤上。

你开始考虑、接受内在创造力的邀请了吗？

那么跟随它的脚步去转变吧！

只有创造，

才能使你与他人分享自己的存在。

5

价值观从哪里来？

创造性行为是不连续的。你在这里，陷入已经建立的含义和语境背景中，突然——宾果（Bingo），有了，啊哈！你发现了一个非常美的先验真理。但你的头脑在旧的和新的语境背景之间的哪里？让我们一起来看看创造之旅中的一些比喻。

英国浪漫主义诗人塞缪尔·泰勒·柯勒律治（Samuel Taylor Coleridge）非常形象地描绘了他自己的创造旅程，以及从美梦中醒来的场景。"如果你睡觉的时候，"柯勒律治写道，"如果在你的睡眠中你做梦了会怎么样？如果你梦到你去天堂摘了一朵奇怪而美丽的花会怎么样？如果当你醒来的时候，你手里有这朵花你又会怎么样？"这件事就发生在柯勒律治身上！他在《忽必烈汗》（*Kubla Khan*）这篇著名的诗中描述了他在天堂发现的花。

下面这段源于美国加利福尼亚（California）原住民部落的创世神话（Creation myth）：

除了非常小的一块陆地之外到处都是水。在陆地上有老鹰和郊狼。此时海龟游向它们。它们让它潜水寻找水底部的陆地。海龟几乎不能成功地到达海水底部，但它的脚却可以触碰到海底地面。当它再次浮出水面时，整个地球似乎都被水冲蚀了。郊狼仔细研究了它的指甲，最后它发现了一粒泥土。然后，它和老鹰把泥土带走把海龟放下。它们用这一粒泥土使陆地变得像现在一样大。

这些土著美国人通过深潜到大海里——另一个世界——找到一粒新"泥土"（新的价值含义）并将它生成新的陆地，从而看到了创造性行为。这与我们是一样的。像柯勒律治的梦及上面的创世神话，我们的创造性行为来自先验潜能的某个特殊领域——原型的超精神土地，在那里我们可以潜入到我们的想象中挖掘量子意识埋藏的宝藏。当我们沉浸在未知的世界里，我们会遇到珍贵的无形的实体。这些都是具有价值的原型主题——形成创造性工作的本质的语境背景。当我们把它们带回，无形的原型呈现出新的形态。钟声响起，欢乐回荡，一个创造性发现诞生。

到目前为止，我们的进化已经产生了至少能探索心智地图的大脑，但很可惜，我们没办法让超精神的原型直接进行物理显现。它们的精神地图已经是我们能做到的极限。由于我们的原型经验没有直接的记忆，这些经验永远不能通过记忆条件化。换句话说，所有的超精神的/原型的经验是自我的量子经验。而量子自我对我们来说并不陌生，每当我们有直觉时（一种超精神经验），那是量子自我在招手。因此，作为具有创造力的人，我们要学会珍惜我们的直觉。

真理的原型

我们最重要的一个价值观就是真理。根本创造力的所有行为都是以某种方式试图表达一些先验真理——这也是原型的一个常见方面。"我的祖国是真理。"诗人艾米莉·狄金森（Emily Dickinson）说。当诗人或艺术家将真理描绘成看上去一点也不像我们平时称呼的真理时就会引起混乱。艺术家的真理的脸孔会随着语境背景发生变化。这就像俄罗斯画家瓦西里·康定斯基（Wassily Kandinsky）说的，"以慢动作不停地移动。"这是因为"整个"真理是先验性的。可能此时在这个世界上没有对它的完美描述，就像小说家赫尔曼·黑塞（Hermann Hesse）在《悉达多》（*Siddhartha*）的语句中提醒我们的一样：

> 能用单词思考和表达的一切事物都是片面的，只有一半的真理；这一切都缺乏整体性、完整性和统一性。当杰出的释迦牟尼教导这个世界时，他不得不将它分为桑萨拉（Samsara）与涅槃（Nirvana）、幻觉和真理、受苦与救赎。一个人不能做相反的事情，对那些教导者来说没有其他方法。但是这个世界本身，在我们内部和周围，从来都不是片面的。决不是一个人或行为完全地桑萨拉或涅槃。

现实包括涅槃和桑萨拉，包括先验的（潜在的）和固有的（显现化的）；我们的创造力尝试表达先验的表现形式，但它从来没有完全成功。一个电视人物，试图解释他的混乱解说，曾经说过，"你应该在我说之前已经听说过它了。"奇怪的是，他说到了点上。随着科学的进步，当旧的规律让步于新的更好的理论或者随着新数据的出现科学领域不断扩大，表达会使真理受到损害，甚至我们的科学规律也不能完美表达原型的真理和全部的真理。

要知道创造的目标之一就是使先验真理显现化（但不完全），我们可以理解一个创造性行为的重点在于产生有形的产品。该产品使创造者能够与外部世界分享发现的真理，这通常是创造性事业的重要组成部分。真正的内在创造力也是如此。甘地说，"我的生活就是我的信息。"

牢记创造性行为的真理价值观观念，我们就能慢慢了解我们如何判断一个特定的行为是有创造性的，而不是另一个。创造性行为就是我们从中能感受到真理价值的，是能够体现原型主题的，虽然在某些情况下［如哥白尼（Copernicus）的日心体系或梵高（van Gogh）伟大的印象派艺术］，认识到真理价值这点可能需要很长一段时间。

有时某一个艺术家在描绘一个原型主题时获得极大成功，他或她的创造性表达的真理价值那么真实，以至于这些艺术品成为不朽之作。莎士比亚（Shakespeare）的戏剧即使在今天也会打动我们（一千年以后它也会如此），是因为他对原型主题的娴熟探索。"事实是，它能够打动内心，"作家威廉·福克纳（William Faulkner）说。他是在思考莎士比亚吗？奥赛罗（Othello）的嫉妒、夏洛克（Shylock）的贪婪和麦克白（Macbeth）对权力的欲望在我们今天生活的舞台都成为现实，因为我们觉得他们产生情感的事实还是活着的。与此相比，典型娱乐行业每年推出出版物、电影和音乐，也许它们不缺乏原型，但它们缺乏真理价值观，它们很少能长期畅销。

创造性真理与美同行

创造性真理可能不会是完美的，但它确实与美同行。诗人约翰·济慈（John Keats）说，"真理即美，美即真理。"另一位诗人罗宾德拉纳特·泰戈尔（Rabindranath Tagore）写道："美是真理的微笑，就是她在一面完美的镜子中注视着自己的脸。"如果创造性洞察力的真实性不能完全由它的真理价值判断，那它一定是相对的，至少可以通过它的美来判断。

物理学家保罗·狄拉克（Paul Dirac），量子物理学早期的设计者之一，发现了预测反物质存在的数学方程式，反物质也是物质的一种形式，反物质与物质接触时往往会使其消失。在当时，没有理由支持人们相信这样的物质的存在，但对美学的敏锐直觉引导狄拉克发现了它们。正如他自己所说，"如果一个人方程式的研究中总是从美的角度出发，如果他真有良好的洞察力的话，那他就肯定会有所进展。"事实上，狄拉克的预言几年后终于以反粒子的发现这一形式成为现实。［真正的反物质只是在最近才通过欧洲核子研究中心（CERN）的超级对撞机分离出来。］

关于中世纪孟加拉诗人贾亚德瓦（Jayadeva）的传说也提出了类似的观点。贾亚德瓦在创作他的杰作《纪达·戈文达圣歌》（*Gita Govinda*）的一个场景时，其中"神的化身"奎师那（Krishna）正在尝试安抚他愤怒的妻子拉达（Radha）。一种大美的灵感闯入诗人的脑海，他写了下来。但随后他转念一想：奎师那是神的化身，奎师那怎么会采用这些常人的对话方式？于是，他划掉了这一行，出去散步。根据传说所述，当诗人离开时奎师那亲自过来把这一行复活了。

纵观历史，人类已经认识到在创造性行为中美的力量。但什么是美？谁来判断？有些作者试图寻找智力、情感或审美体验的社会文化原因。有人说美是智力上具有丰富经验，可以在混乱的地方看到秩序与和谐。然而，更为普及的解释是"美在旁观者和创造者的眼中"。狄拉克说得好，他说："嗯，你感觉到它。就像在画中和音乐中的美。你无法用语言形容它，它是某种东西——如果你感觉不到它，你就必须承认你不容易受它影响。没有人能解释给你听。"

当毕达哥拉斯（Pythagoras）定义美为"将很多浓缩为一个"，他说的是一种非常个人化的且先验的经验。诗人卡里·纪伯伦（Kahlil Gibran）说过同样的话：

> 美并不是一种需求，而是狂喜。
>
> 它不是一张干渴的嘴，
>
> 也不是空的伸出的手，
>
> 而是一颗燃烧的心脏和陶醉的灵魂。
>
> 它不是你会看到的图像，
>
> 也不是你会听到的歌声，
>
> 而是一幅你会看到的图像，即使你闭上眼睛，
>
> 一首你能听到的歌曲，即使你堵上耳朵。
>
> 它不是伤残树皮下的树液，
>
> 也不是悬在利爪下的翅膀，
>
> 而是花园，鲜花永远盛开，
>
> 而且一群天使永远在飞翔。

创造量子 爱的许多美好

爱是一个重要的原型。它尤其受诗人、小说家、艺术家和音乐家的欢迎。爱也是人们追随的心灵成长的道路。换句话说，爱是一种多姿多彩的事情。

爱是一种特殊的原型，因为它的最初表现是在我们肉体中通过生命体的介导，在我们的大脑形成和具有心理表征能力以前产生的。我正在谈论的是心脏脉轮（Heart chakra），根据的是印度教形而上学体系和其他传统中我们经历的浪漫爱情的感觉。这是因为主要的心脏脉轮器官为胸腺（Thymus gland），它是免疫系统的一部分，是浪漫爱情的生命能的代表。但是这需要一点解释。

根据标新立异的生物学家鲁伯特·谢尔德雷克（Rupert Sheldrake）高度原创的想法，我看到了生命体，或者能量体，从生物学功能的蓝图角度称为形态发生场，其中意识用来创造这些发挥生物学功能的器官。这一想法如图15所示，脉轮是我们身体上的那些点，意识在那里塌缩为器官及其相关的形态发生场。我们感觉到的脉轮中的能量即来自于这一重要领域。

在图的右边，你可以看到我们在每个脉轮经历的不同感受。这些与人的创造性经历相关的积极感受，如爱、得意、明晰和满足，它们来自于上脉轮（分别包括心脏、喉咙、额头和头冠）的激活。消极的感受，如恐惧、性、不足和挫折与下脉轮（分别包括根、性和肚脐）相关。

免疫系统的功能是区分"我"和"非我"。如果这个区别在两个人之间消失，那明显的感觉会是"你中有我，我中有你"。换句话说，就是浪漫的爱情。因此，浪漫的爱情确实是两个情人的免疫系统（以及它们相关的形态发生场）之间的一种约定。第二脉轮是性能量和浪漫爱情的心能量明显相连的一种体现。当我们在青春期第二脉轮开始活跃时，我们倾向于使用性来培育自我能量。但是，如果我们能等到那个特别的伴侣，我们可

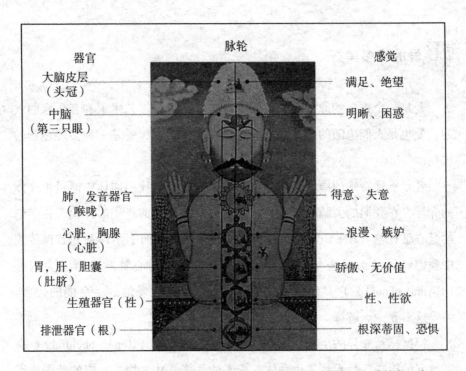

图15　脉轮。原型生物学功能通过形态发生场的介导向下形成。在脉轮点，意识
　　　同时塌缩成脉轮中的生物器官以及由器官代表的形态发生场。创造力有
　　　影响是因为脉轮中生命能（vital energy）的相关运动。

以用性来创造爱，如果我们能成为一个浪漫爱情的忠诚伴侣，我们可以利
用这种关系进一步探索爱的原型。

　　心智赋予我们所有的经验以含义，包括浪漫的爱情。我们对恋人原型
的最初体现受我们心理调节的很大影响。爱的深层含义需要创造力去
发现。

量子创造 伦理、创造力和善良、正义的原型

　　伦理（Ethics）是寻求区分善与恶的哲学形式，自古以来就是人类关

注的一个问题。一般来说，大多数宗教系统提供的伦理处方归结为：对他人做好事。但存在的问题是并不总能很容易弄清楚什么是"好事"。定义取决于环境，这意味着美德将至少需要我们的一部分情境创造力。在最好的情况下，发现一种美德并以此为生是英雄人物的旅程。当我们意识到英雄是一个真正的原型，我们只能做精神上的表现——而不能做完全的英雄——我们找到对这个想法的支持，我们总是需要创造力去寻找作为生活准则的伦理，不管是个人的还是社会的。

伴随着英雄的原型，社会伦理也必须为智慧老人的原型服务：每个人都应该有机会探索和实现他们的人类知识潜能。这种民主在18世纪世界的某些地区生根，在为英雄和智慧老人服务中作为创造力的一个很好的例子发挥了很大作用。不幸的是，世界上有些地方还需要赶上。

我们已经落后于正义的显现，甚至在民主国家也是如此，一个原因是我们试图通过法律来解决问题，而不是真正的创造力。在今天的美国，通过像占领华尔街（Occupy Wall Street）这样的运动，正义要求每个人都应该有机会实现美国梦。这似乎是不可能理想化的，只有你意识到定义"人类的潜能"和"美国梦"不仅需要建立在物质层面上，更需要建立在含义的层面上。富裕这个新定义需要新的经济，因此需要更多的创造力。

价值观教育的重要性

正如我们开始看到的，根本创造力取决于我们探索原型的意愿，取决于我们对原型的好奇心。例如，今天许多人，像教育家和政治家时常谈论关于教育制度的问题，但我很少看到关于根本原因的讨论：没有努力去教我们的学生价值观，特别是原型价值观，如真理。只要记住，如果一个社会破坏了真理的永恒价值的基础，就会上福克斯新闻。真的，学生还可以凭借他们的直觉，但即使是这个固有的礼物仍然需要通过教育来加强和培植。

科学唯物主义在我们的社会取得如此大进展以前，在美国我们接受的价值观教育来自我们的宗教，在像周日学校这样的地方。但现在这已经不太普遍了。虽然我们的人民和我们的政治家（特别是共和党人）中的大多数人仍然强调价值观，但这在很大程度上是口头上的。人们，特别是政客们，经常不会履行自己的诺言，结果使得我们很多人已经变得愤世嫉俗。如果科学唯物主义是正确的，如果没有价值观那会怎么样！如果原型只是柏拉图（Plato）的飞行或荣格（Jung）的想象会怎么样！

今天的科学和数学教育有很多重点，但是，如果我们不重视圣人原型，我们为什么还要从事数学和科学工作——我们寻找真理的事业中最重要的东西？

同样，如果我们不认为柏拉图式的理想是美或者爱，那艺术就失去了它的吸引力。我们能够参与创造——伴随着汗水和痛苦——只是为了金钱和地位？金钱是一个符号，它代表某些事情。对我们的创造性行为给予货币奖励没有错，但当金钱成为动机，会使我们不再追求真正的东西。

唯物主义导致了我们的名人崇拜。名人总是有创造力吗？事实上不是。幸运的是，有人仍遵循原型并且成名。不幸的是，我们仍然认为名誉是创造力的一个充分的动机。事实上它从来不是也永远不会是。

在我们的社会中缺少创新其根本原因在于早期价值观教育的缺失。因为宗教作为价值观教育工作者已经变得无效，但我们还是不得不在学校里做这项工作。一些宗教人士在这里会看到红旗——世俗主义。放松，随着科学与灵性的融合，我们必须意识到价值的原型是自我的一部分，它们不是宗教教条的专属领域。然后我们可以继续后世俗主义价值导向教育。

但是，如果我们不再转向宗教那我们能去哪里找到合格的教师来教我们价值观呢？这个问题让我想起了一个故事。一个牧师去天堂，圣彼得（St. Peter）让他在天国之门等着。"看，一个重要的人来了，让他先接受接见，然后我们会照顾你的。"圣彼得说。

很快这个人就来到跟前。他看上去很普通，但圣彼得大张旗鼓地招呼他。后来，圣彼得看着我们等待的牧师说："请，现在轮到你了。"牧师因为等待有点烦，但他同时也很好奇。他说："谢谢。但是你能告诉我那个人是谁吗？为什么这么大惊小怪？"

"哦，他是纽约市出租车司机。"圣彼得说。

牧师目瞪口呆。"什么？你让我等一个出租车司机？我已经将我的一生都用来为上帝服务！"

圣彼得轻声笑着表示。"是的，但是当你布道时人们都睡着了。当他用出租车载着人们时，他们反而祈祷。"

创造力有黑暗面吗？

现在有一个重要的争论正在进行：创造力是否有黑暗面？发明原子弹是一个伟大的科学壮举，毫无疑问。但它也是实在的可能对大量无辜平民造成巨大的伤害。有巨大的能量被锁在原子的核心这一发现——肯定是一个根本创造力的例子——会被谴责是因为它释放的都是邪恶。所以，创造力似乎有黑暗面。

当我们第一次把意识放在第一位时，这似乎令人震惊。如果创造力是非定域性量子意识，或者说是上帝的礼物，是生活和爱情的来源，那它如何对这样的黑暗行为负责？为什么坏事会发生在好人身上？如果上帝是完美的，为什么邪恶会存在？

这些问题的答案就是进化。非定域性意识使用向下因果关系对显现化物质世界中越来越细微的可能性做出新的表现形式。最初这些表现形式是不完美的，事情还没有准备好，因此，进化发挥作用。进化不得不与条件停滞的趋势进行斗争。这常常需要暴力连根拔起，看起来像邪恶的行为。所以只要有进化的需要，邪恶就会存在于世界上。非定域性量子意识本身是客观的。

当我们显现创造力的产品的时候我们是非常自我的，看到这个事实，我们会更深入地了解进化的问题。所以有时候我们的创造力产品带来的弊大于利。因为进化在不断进行，所以生活会越来越好，而我们也不再需要那么多的暴力为克服停滞提供动力。至于我们自己在创造力黑暗面中的角色，这个世界几千年的精神传统已经给出了补救办法。我们可以改变自己。

创量造子 与问题解决者的相遇

当问题解决者约翰博士（Dr. John）出现在我家门口，我有点紧张。除非有什么重要的事需要处理，否则他从不出现在任何地方。他似乎读懂了我的心思。

"你在想我来这里是解决什么问题的。这次是你，我的朋友，你就是那个问题。"他严肃地说，大步走进房间并把他的帽子扔在椅子上。

我很惊讶。"现在我做了什么？"

"有一个传闻说，你正在恢复创造力是上帝给我们的礼物这个概念。更糟的是你在用科学证明这种荒谬的观点。"

"你可以读一下我的书，"我说，试图安抚他，"我并没有过多地提及上帝。我用短语'量子意识'来代替。"

"我知道，我知道，"问题解决者不耐烦地说。"我已经看过了。但你在使用像'无意识'这样的概念，这使神经学转入巫术。更重要的是，你还使用了梵文名字，这使它包含了更多巫术。你说，阿特曼（Atman）为我们从上帝那里带来了创造性的洞察力。宗教的味道——特别是印度教，是不是？"

"阿特曼是我们的量子自我，是我们的内在自我，当创造性的量子测量在大脑中发生，意识获得一个身份。阿特曼不是印度教的附属，无需担心。"

约翰似乎没有被安抚。"创造力只是用于解决问题，并无其他更多用处。相信我，我知道。我从未经历过任何无意识的过程，也没见过任何阿特曼或量子自我，不管是在我的内心或者在外部世界。是我自己在做所有的工作。我为什么要把功劳全归给阿特曼？"

"好吧，你说得有道理。事实上，如果你只是处于推理水平那阿特曼并没有参与。我们的连续性、定域性、自我的思考对此就足够了。但引用小说家马塞尔·普鲁斯特（Marcel Proust）的话，'书是一个与我们在习惯、社会生活和恶习中表现的自我不同的自我的产物。'当爱因斯坦发现相对论，或者 T. S. 爱略特（T. S. Eliot）写作《荒原》（The Waste Land）时，可以肯定的是他们并非在解决周围的问题，而是在做理性的决定。他们在和完全不同的鼓手一起跳舞。我是在说在这种情况下鼓手就是量子自我。他们的创造力包括使非连续的量子跃迁转变为纯潜能性的非定域性领域——超精神领域，自我的思考是不能达到的。创造力需要与量子自我的相遇。"

"你还是没弄明白，"问题解决者咆哮，"爱因斯坦和爱略特都比你我更聪明，所以他们就解决更难的问题，但他们仍然在解决问题。"

"是吗？当爱因斯坦开始他的研究，他甚至不知道问题出在时间的本质上。他一直在烦恼光的本质。他专注于牛顿的机械运动定律与克拉克·麦克斯韦（Clerk Maxwell）综合的电磁理论的兼容性。"

"大家都知道有些人必须找到他们的问题并解决它。看，它是有意义的。爱因斯坦有一份专利文书的全职工作，他不能花很多时间在物理学上，所以他找到了一个没有人会花时间做的问题。那只是一个战略选择，简单的生存本能。别跟我说 T. S. 爱略特，诗人有更多的特殊性。"

"好吧，让我们继续说爱因斯坦。你知道，他曾经说过'我并不只是通过理性思考来发现相对论的'。爱因斯坦自己觉得自己在做一些超出理性思考的事情。"

"看，爱因斯坦可能是某种形式的神秘主义者，所以别提他了。让我们举一个关于创造力的更近的例子：亚历山大·考尔德（Alexander Calder）的移动雕塑。我们可以追溯他从抽象的移动到最后的细节的发展过程。证明他就是在解决查理问题（Charlie problem）。"

"什么是查理问题？"

"你不知道查理问题吗？"约翰听上去很高兴能展示他的专业知识。"丹（Dan）结束工作回到家发现查理躺着死在地板上。汤姆（Tom）也在房间里，丹看到地板上有水和碎玻璃。但看了看周围立刻就知道查理是怎么死的了。你知道吗？"

"我想不出来。你知道我不擅长拼图。"

"为什么你不让你的量子自我来帮助你？哦，我知道，我知道。量子自我不想让这样的琐事弄脏手。所以，你想知道答案吗？"

"当然想知道。"

"当人们试图解决这个难题时，他们其实是在将查理假定为人的前提下进行的。但在思维被困住一段时间后，他们终于开始质疑那个前提假设。当他们询问线索并被告知查理不是人时，他们立即指出了答案。"

"水和碎玻璃，啊哈！查理是一条鱼。"我禁不住说。

问题解决者自豪地说，"看，那就是创造力如何工作的。你进入了一个僵局，然后提出了一个新的问题。答案使你转变语境环境，或联合旧的语境环境，或转移部分语境环境到另一个语境环境。考尔德已经开始了移动雕塑工作，普通的形式、机械地运动，也许他厌倦了并期待着做一些不同的事情。

"所以有一天他参观了一个展示彼埃·蒙德里安（Piet Mondrian）抽象艺术的画廊。他立刻想到在他的移动雕塑使用抽象的碎片。你可能会把这称为不连续性，但是他转变语境背景的根源是外部的——他在艺术画廊所看到的。考尔德最终发现他的机械驱动的抽象雕塑也变得很无聊。如何让它更有趣？这次他想到抛弃机械运动用风来移动他的抽象作品。这样就不再无聊了。"

"考尔德创造了很好的雕塑，"我说，"但是在你的等式里少了些东西，考尔德有信念系统，有他认为专业的做事情的方法。为什么他因为看到了别人的抽象艺术就要改变自己？你是一个科学家，你相信每一种现象都是一种物质现象。你知道我不这么认为，我认为每一种现象都是一种意识现象。让我问你一个问题：你为什么不先读一下我的工作然后改变一下你的科学看法？"

"好吧，我得首先理解并同意你的看法。"问题解决者说。

"确切地说，你必须探索新的含义。你必须重新探索原型以看到直觉暗示的新的表现的需要。在这个探索中，你会接触到量子自我。这也是当考尔德看到蒙德里安的抽象艺术时所做的。考尔德有一个突然的灵感思维——一个转变，一个不连续的从他过去对雕塑的想法到探索抽象艺术新含义的转移。他看到了用一种全新的方式表现的可能性。

"在此之前，他一直认为雕塑是对世界上的事物进行直接的表现，是有意义的事情，是可识别的形式。一个突然的灵感闪现，他发现了抽象绘画所代表的模糊美，他意识到在自己的雕塑中需要这种模糊以带给看到他作品的人们他所要表达的信息——运动形式的先验之美。

"可是连这都不能让他满意。对机械设备的依赖使他的艺术太容易被预测到。所以他继续寻找一个新的语境背景。另一天，在与量子自我的另一次相遇后，他的灵感被激发，用异想天开的风的运动代替电动机。现在他不仅已经实现了形式上的模糊，而且实现了运动本身的模糊性，这在现代生活中是不寻常的。"

"那只是我听过的一个夸张的故事。那么与量子自我的偶遇如何发挥作用呢？"

"你真的想知道吗？"我有点不高兴地回答。

"我不想。我可能只是屈服于它的影响。然后我不会满足于用我的理智解决问题。但我不喜欢追寻根本性的问题，它们太深奥了。我不会相信直觉。追寻含义就像寻找幽灵，这非常难，以至于它常常会消耗我们非常多的时间。"

问题解决者约翰边说边拿起帽子离开了。

创造力并不存在于分析和比较里面。

而是存在于暮光之城中，

它超越地域。

在那里，皇帝和乞丐，

创造家、评论家和普通人，

在同一个原型主题的花洒下淋浴。

意识的运动，

创造力的量子跃迁，

使我们在已知和未知之间徘徊。

从无意识的黑暗里，

来到意识的光明下。

而直觉用量子的翅膀，

把我们带入运动的洪流。

它会带我们进入一幅画，

或者在音乐中迷失自我，

也会让我们感受诗的苦与乐，

或者认识故事中的自我，

还会带我们了解科学定律中的真理，

因为真理与美的原型，

会撼动我们的心灵。

最终喝着创造力的原型美酒，

我们如痴如醉！

Part Ⅱ

The Creative Process

第二部分

创造性过程

6

创造性过程的四个阶段

在处理创造性行为的整体性时，我们不仅必须要注意什么是不连续性和非同寻常的（量子跃迁），而且要注意什么是看上去为连续的和平凡的。查尔斯·达尔文（Charles Darwin）的自传描述了一个创造性的时刻，达尔文在读马尔萨斯（Malthus）的《人口论》（*Essay on Population*）时，意识到繁殖能力在生物进化自然选择理论中的重要作用：物种生育多个后代代替自己，这一事实会很快导致地球物种数量过剩，那就意味着个体之间为了有限的资源相互竞争。但根据创造力研究者霍华德·格鲁伯（Howard Gruber）的研究，达尔文的笔记说明，虽然这是领悟的最后一刻，但这是一个渐进的过程的一部分，中间穿插着许多小的见解。

那么整个创造性过程包括哪些？研究者格雷厄姆·沃拉斯（Graham Wallas）是首先提出创造性行为分为四个阶段的人中之一，这是现在普遍接受的观点。四个阶段是：准备（Preparation）、培育（Incubation）、顿悟（Sudden insight）和显现（Manifestation）。让我们在接下来的章节中仔细看一下这些阶段。

● **阶段 1：准备**。
   收集关于你问题的事实和现有的想法，思考、思考，再思考。与专家交谈、参加讲习班，搅动你的想法，通过想到的每一种方式寻找它们。自由支配你的想象力。

- **阶段 2：培育。**

  问题不会走开，所以当它在你脑海里渗透时，你可以玩、睡觉，做一些使你放松的事情。［包括洗澡、公共汽车和苹果树——它们已经证明有关系：阿基米德（Archimedes）在洗澡时发现了他的"尤里卡"；数学家亨利·庞加莱（Henri Poincaré）在上公共汽车时，获得了一个重要想法；牛顿坐在一棵苹果树下发现了重力。］

- **阶段 3：顿悟。**

  尤里卡！就在你不经意间，黎明的曙光就会出现。这个瞬间的惊喜是不连续性的特征。

- **阶段 4：显现。**

  喜悦结束了——或者它只是刚开始？验证、评估，并显现化你想象中的东西。换句话说，使你的观点成为产品。

准备从直觉开始，对一个可能问题答案的模糊的感觉。现在有了一个问题，一个工作的好奇心，但它并没有在燃烧。然而，当你继续做相关的基础工作——收集信息，对已经存在的结构提出问题，等等——你的好奇心具有越来越大的强度。当你熟悉了这个领域，但这种感觉依然存在，那么此时你正处在一个发现的边缘，马上就会出现；当现存的信念体系开始瓦解时，问题开始使你困扰。

在这一点上，心理学家卡尔·罗杰斯（Carl Rogers）说，你的思想变得开放，为无拘束的可能性接受新事物做好准备。我们可以看一下思想开放重要性的一个很好的例子，在 17 世纪，物理学家约翰尼斯·开普勒（Johannes Kepler）提出了革命性的观点：太阳系的行星围绕太阳做椭圆运动，但是在开普勒提出最终的想法很久以前，他逻辑上考虑过行星的轨道是椭圆形这种可能性，但已经把这个想法作为"一车粪便"抛弃了。他当时还没有为新事物做好准备。他缺乏一个开放的头脑——直到他不再这样。

沃拉斯和许多其他的研究人员认为，培育包括无意识的心理过程。量子物理学给了我们解释：无意识的过程是量子过程——它在许多可能性的非定域性领域立刻就能发生。当尼尔斯·玻尔在做他的原子模型工作时，他在梦里看到了太阳系，说明无意识在他的心智里培育。行为上，我们可以把培育与放松等同——"安静地坐着，不做任何事"——看上去与准备相反，其实这是积极的工作。

第三阶段，不连续性加入，当然也最壮观。从无意识的可能性到有意识顿悟的转变，从第二阶段到第三阶段，需要向下因果关系，这是不连续的。

最后，显现包括通过洞察力工作，检查解决方案，并以产品结束——显现新颖性。伴随显现的是信念体系的重建，或者至少是一个知识的语境背景的全部内容的扩展。就这样，它就像印度教神话中毁灭者和创造者湿婆（Shiva）之舞（图16）。

像唯物主义者声称的，大脑能自己做这一切吗？没有一个唯物主义模

图16 湿婆之舞。他一只手持鼓表示创造；另一只手
　　　持有毁灭之火。他脚下的侏儒代表无知。所有
　　　这些是创造性行为的一个绝妙的比喻。

型可以区分意识的有无。神经经验生理学（更别说是创造经验）是一个"困难"的问题，超越了科学唯物主义的解释范围。此外，基于大脑的解释往往受到不一致（Inconsistency）困扰。大脑没有非定域性能力，如何从大脑的不同区域汇集"想法"？如果意识和无意识之间没有区别的话，一个想法是如何"进入"意识的？但还是面对现实吧！以大脑为基础对创造力进行解释是所谓的"忽略事实"科学的一个典型例子。这与一些保守派对全球气候变化进行常规否认相类似。

准备阶段：

就像甘地在他的纺车上纺棉花，

准备出发——

为真相做准备。

培育阶段：

就像毕加索在巴黎人行道旁的咖啡馆里，

安静地坐着，什么都不做。

洞察阶段：

就像莫扎特，狂热地做《安魂曲》的笔记，

音乐充盈着他的思绪。

显现阶段：

就像居里夫人，从一座铀山中，

提炼出一点点镭。

当无限来弹奏我有限的乐器——这就是创造！

我为乐器调音，并等待着创造力的邀请。

创造力终究会到来！

7

创造性洞察力是量子跃迁吗？

创造性想法来到我们身边，用物理学家尼古拉·特斯拉（Nikola Tesla）的说法，"像一道闪电"。创造性思想改变了我们的语境背景或揭示了新的含义，它是来自于我们的普通意识流思想的不连续跃迁。亨利·庞加莱（Henri Poincaré）在连日思考一个数学问题，一步一步地思考，但在他的意识里什么也没有发生。但后来，在一次旅行中，一个新的背景下，当他登上一辆公共汽车时，数学函数不期而至。他后来报告说，这个想法与他当时的思想或他以前对这个问题的想法没有任何关系。

古希腊的锡拉库扎国王，想找出是否有某一个王冠是用真正的黄金做的，他最喜欢的科学家阿基米德，在不损毁王冠的情况下可以进行甄别吗？据说当阿基米德踏进一个装满水的浴缸，浴缸里的水溢出，他突然想到了答案。他非常激动，光着身子跑在锡拉库扎街上大喊，"尤里卡！尤里卡！"（"我找到了！我找到了！"）阿基米德发现的解决方案开辟了流体力学的一个新分支——流体静力学。

数学家卡尔·弗里德里希·高斯（Carl Friedrich Gauss）通过这种方式提供了一个创造性洞察力不连续性的例子：

> 最后，在两天前，我成功了，不是因为我的痛苦努力，而是上帝的恩典（Grace of God）。像一道突然的闪电，谜语突然就解开了。我自己也说不出连接"我以前知道的知识"和"今天创新出的新论理"

的导线是什么。

注意对"上帝的恩典"作用的强调。这无疑反映了高斯敏锐地意识到，他并非通过一步步思考获得发现的。

作曲家勃拉姆斯（Brahms）也在上帝帮助下看到了洞察力的不连续性。他用这些话描述了自己最著名的乐曲的创作经历：

思想的洪流从上帝冲向我，我通过心智的眼睛不仅看到不同的主题，而且它们都穿着合适的形式、和声和配器。在那种罕见的，鼓舞的情绪中，通过一步步权衡，最终的作品呈现在我面前。

这是来自伟大的作曲家柴可夫斯基（Tchaikovsky）关于创造力的突然性的引人注目的引述：

通俗地讲，未来作曲的萌芽突然不期而至……它扎根于非凡的力量和速度，通过泥土迅速生长、枝繁叶茂，最后繁花似锦。对创作过程除了用这个比喻，我不能通过任何方式描述。

英国浪漫主义诗人 P. B. 雪莱（P. B. Shelley）简洁地表达了诗歌写作中的不连续性："诗歌不喜欢推理，而是根据意志的决定进行的能量释放。一个人不能说，'我要去写诗。'即使伟大的诗人也不能说。"

亨利·沃兹沃思·朗费罗（Henry Wadsworth Longfellow）把他不连续性的经历用某种不同的方式写了一首歌谣：

昨天晚上我吸着烟坐在火堆旁直到十二点，突然间，写作《金星帆船歌谣》（*Ballad of the Schooner Hesperus*）的想法冲进我的脑海里，我照办了。然后我去睡觉，但睡不着。新的想法在我的脑海里冲撞，我起床把它们加到歌谣里。我对歌谣觉得很满意。这几乎没花我什么力气。它不是一行行冲进我脑海里，而是一节节。

注意这些词"不是一行行……而是一节节"。不是一点点，而是作为一个整体，具有不连续性。这种整体性是创造性洞察力量子性质特有的，即使当一个想法是整体解决方案的一部分，它也是作为接下来的整体的其中一部分。

此外，还有很多证据证明在梦中创造力是不连续的。发现了著名的化学元素周期表的化学家德米特里·门捷列夫（Dmitri Mendeleev）说："我在梦里看到所有元素掉到表里需要的地方。"数学家雅克·阿达马（Jacques Hadamard）回忆，发现了长期寻求的问题的解决方案为"非常时刻（从梦中）突然觉醒"。贝多芬（Beethoven，写道，他在梦里找到了一部卡农：

> 我梦见我开始了一个遥远的旅程，是一个比叙利亚（Syria）还远的地方，经过犹太（Judea）再回来，然后一路到了阿拉伯（Arabia），最后我终于到达了耶路撒冷（Jerusalem）……在我的梦中之旅期间，下面的卡农曲子冲入我的脑海……但当卡农飞走时，我几乎没有醒来，我几乎不记得它的任何部分。然而第二天我返回这里……我重新开始我的梦中之旅，你瞧，这一次我竟然完全清醒！按照联想的规律，相同的卡农一闪而过；所以现在清醒的时候我将它们尽快记下来，只是把它变成了三个部分。

客观数据

从科学唯物主义的客观立场看，不连续变化的主观报告，如上文提到的，作为创造力的不连续性的证据是值得怀疑的，但也有创造力的量子跃迁的客观证据！

量子自愈（Quantum healing）现象（没有医疗干预自发愈合）应该被视为一个创造性的突破，如下面的病例病史所示。一个代号为"S. R."的病人被诊断为霍奇金氏病（Hodgkin's disease）。"S. R."怀孕了并且不想失去宝宝。所以她拒绝了化疗，找到了一个新医生并在他的监督下做了手术，甚至进行了放射治疗，但实际病情继续恶化。

她的主治医生正在研究 LSD 疗法（LSD therapy）以治疗癌症。"S. R."参加了介绍 LSD 的旅行，在此期间，医生鼓励她深入自我并与她子宫里的生命进行交流。当"S. R."做这些时，她的医生问她是否有权利打掉新的生命。就在那时，"S. R."有了突然的灵感：她选择生存还是死亡——一种量子跃迁。她选择了生存。有了这种灵感一段时间后，很多生活方式发生变化，然而她病愈了——量子自愈。你可以否认她所做或所说的真实性，但铁一般的事实是，她在没有医疗干预的情况下病愈了。顺便说一句，她也生了一个健康的孩子。

感谢加利福尼亚思维科学研究所的迪帕克·乔普拉（Deepak Chopra）医生和他们的研究人员，他们造就了许多这种量子自愈的记录数据——在没有医疗干预的情况下自愈。另一个支持创造力的量子跃迁的客观数据的来源包括许多在连续的化石带中间发现的化石空白。

还有一个暗示支持不连续性创造力的来源。哲学家威廉·欧文·汤普森（William Irwin Thompson）说，神话是灵魂（意识）的历史。创造性行为中不连续性的重要性在印度的蚁垤神话（Valmiki myth）中成为不朽：拉特纳卡（Ratnakar）是一个猎人，他又一次杀死两只正在做爱的鸟。当他意识到他所做的邪恶之后，他深受触动，诗句自发地从他嘴里说出，他转变了。后来他因为蚁垤而出名，并写出了伟大的印度史诗《罗摩衍那》（Ramayana）。在西方，很显然，有牛顿的苹果的神话——苹果的下落据说触发了牛顿的不连续性的转变使他发现了重力。

创量 牛顿发现重力的不连续性
造子

　　1665 年，一场瘟疫在英国剑桥爆发了。剑桥大学关闭，在大学教书的艾萨克·牛顿搬到林肯郡他母亲的农场。有一天在花园里，牛顿看到一个苹果落地。这在他的意识中引发了一个普遍的启示：每一个物体都因为引力吸引另一个。

　　这个苹果的故事对你和我来说意味着什么？每天都有苹果落地，几乎没有人注意到。我们的时间和牛顿的时间一样真实。事实上，根据许多历史学家所述，苹果的故事不是事实而是幻想，也许是由牛顿的侄女开始的。为什么苹果的故事一直流传，甚至在物理教科书中，与科学方法一起出现？因为神话让我们想起了更深的真理。

　　重现艾萨克·牛顿的发现并不难，因为从逻辑上来讲牛顿的顿悟是必然的。在牛顿之前，约翰尼斯·开普勒已经提出了行星围绕太阳做近圆轨道运动，牛顿早期的目标之一就是为开普勒定律找到解释方法。另外牛顿对伽利略（Galileo）自由落体运动充满好奇心，这也是牛顿发现万有引力的另一个原因。

　　牛顿自己提出了运动定律，将加速运动的物体与作用于它们的外部作用力联系到一起。牛顿已经认识到行星绕着太阳运动，或月亮绕着地球运动，一定是一个太阳或地球产生的外部作用力的结果。问题是没有这种已知的作用力。看到苹果落地，在牛顿的意识中引发了创造性的洞察力，苹果和月亮这两者的运动，它们的起源都是由于一个地球施加给它们的普遍的"引力"。这样一个游戏不断变化的创造性行为就是全部吗？这听起来并不完全，是不是？

　　等一下。我们忘记了什么。根据当时流行的信仰体系，地下和天上的规律是不同的；希腊人告诉我们确实不同！此外，没有已经发现的作用力可以不通过介质在一定距离发挥作用。为了说明地球对苹果施加了一个称为引力的作用力，牛顿正在提出普遍作用力的存在：任何物体都是相互作用的，不管它们在空间中的任何位置——在地球上或在宇宙中。因此，牛顿的研究揭示的物理学不是在已知的语境背景中发现。正如物理学家保罗·狄拉克所说的，伟大的思想克服伟大的偏见。

创量造子 格式塔

在心理学中"格式塔（Gestalt）"这个词意味着全部，整合模式和分离片段的集合之间的差异。当图4中的年轻女性和老妇人的格式塔出现在你面前时，突然地，不连续地，模式在旁观者的脑海里点击。

对格式塔的认识可以从音乐作曲家的音符模式中看到。莫扎特（Mozart）和勃拉姆斯说过，音乐是以一个整体主题，而不是断点的方式进入他们的脑海。浪漫主义诗人塞缪尔·柯勒律治对他的诗《忽必烈汗》（Kubla Khan）也说过同样的话。你和我看M. C.埃舍尔的一些画并突然认识到艺术家模式的"整体性"会得到几乎相同的乐趣。在创造性过程的痛苦挣扎中，科学家与音乐家或艺术家没有区别。许多重要的创造性发现都是一样的——要不就是一下全部到来，要不就是一点都没有。

一个危险囚犯的腿在一个机械工厂事故中受伤。他被送到监狱医院，在那里他被严密地看守着。对这个囚犯来说不幸的是，他的左腿发展成坏疽需要被截肢。囚犯坚持把截下的腿保留并把它交给自己的一个朋友进行妥善处理。当他的朋友来拜访时，囚犯在警卫看守下把自己的腿给了他。

但犯人的情况继续恶化，他的右腿也出现坏疽需截肢。他的朋友再次把他的右腿带出监狱。这次警卫起了疑心，当他的朋友离开后，警卫当面审问囚犯："你为什么把你的腿分别给你的朋友？你是在试图逃跑吗？"没有一个囚犯是通过截肢一块一块送出监狱实现逃跑的——要不就是一下全部到来，要不就是一点都没有。

量子创造力包括无意识过程，这是不是一件好事？在无意识过程中，没有最终的格式塔的一部分是过早报废的，因为如果它们没有明显的作用它们会进行有意识的处理。

同样的推理是很有吸引力的，弄明白什么是量子创造力对理解生物进化非常重要。特别是进化的时间，为了解释著名的化石间隙，许多生物学家提出了看法：这样的进化不可能由基因突变的一点点积累和达尔文提出的自然选择来解释。如果我们把基因突变看作一种产生量子可能性的量子过程，然后，我们可以很容易地看到突变能够潜在地积累直到可能塌缩成产生一个器官所必需的格式塔。现实化可以作为量子跃迁发生。

量子创造 个案史：毕加索的《格尔尼卡》

让我们仔细看一看毕加索（Picaso），因为毕加索当时留下了笔记，所以已经引起许多研究人员的评论。毕加索受西班牙政府的委托为西班牙1937 年世界博览会在巴黎的展览创作了一幅壁画。毕加索本来打算画一个艺术家工作室的场景，但当时纳粹轰炸了格尔尼卡，故而决定描绘被摧毁的城市。

这是一幅多么令人印象深刻的画呀（图 17）。我们可以看到一匹马和一头牛被炸弹撕裂后的痛苦表情。我们可以看到一个母亲为死在她怀里的孩子而哀悼。一个女人手里拿着灯，望着窗外燃烧的建筑。一个女人从另一个燃烧的建筑中坠落，她的衣服燃烧着像另一个跑进画面的女人。

轰炸的效果当然会很残酷，但作为伟大的艺术家，毕加索设法传达更多信息。毕加索看到格尔尼卡的人民处于极度悲伤中，所有活着的人非常痛苦。绘画中唯一的男性形象是一个处于破碎状态的战士，这不是巧合（毕加索在画接近完成时受灵感激发加上去的）。战士代表了这个唯物主义时代的英雄原型状态。是的，《格尔尼卡》是对我们破碎的心灵生动的描写。

艺术史学家注意到这个场景是室外描写还是室内描写的界限非常模糊。从窗户探身出去的女人表明是前者，但上部角落的线条表明是后者。

图17　毕加索的《格尔尼卡》

这种模棱两可有目的吗？作为一种室外绘画，它描绘了战争不加选择的恐怖。作为一个室内绘画，它传达了我们心灵的恐怖碎片。在它的描绘中有一个更大的真相，《格尔尼卡》是超越二元的。《格尔尼卡》这幅画是一种根本的创造性行为，因为毕加索在创作这幅画时已接受了定域性真理并使它被全世界接受。通过获得世界的原型画布他看到了人类的未来。在他们对新的语境环境的发现中，伟大的艺术家往往会逃脱他们的时间结界——有时也有意这样做。和毕加索同一时期的特鲁德·斯泰因（Gertrude Stein）曾向他抱怨说，"你的人物看起来不太像人类。"但毕加索回答，"别担心，他们以后会像。"

量子创造　理解不连续性

在西德尼·哈里斯（Sidney Harris）讨人喜欢的卡通画里（图18），穿着宽松的裤子和衣服的爱因斯坦，站在黑板前手里拿着粉笔，准备发现新的定律。黑板上，方程式 $E = ma^2$ 写下又被画掉；在它下面 $E = mb^2$ 也被画掉了。标题写着，"创造时刻（*The Creative Moment*）"。我们为什么笑呢？

这是一幅正当创造时刻的不可思议的漫画，因为我们可以直观地知道创造性洞察力是不连续的。

图 18　创造时刻（*The Creative Moment*）（西德尼·哈里斯作品）

当我还是小孩子时，第一次学着数到 100，因为我妈妈把这些数字都通过训练让我记住了，所以我能够做到。她为我建立了语境环境，而我靠死记硬背学会了，这些数字本身对我没有任何意义。接下来要求我学会由 2 或 3 构成的组的概念：2 支铅笔、2 头牛、3 根香蕉、3 个便士。然后有一天，突然地，我弄明白了 2 和 3（以及所有其他数字）之间的区别，因为我明白了组的概念（当然，以前并不知道）。虽然在我的环境中的人们，像我的母亲，帮助我"得到"它，但最终是我发现了它的含义。这就像一道闪电！

研究人员格雷戈瑞·贝特森（Gregory Bateson）提出了学习水平的定义，并提出了学习中背景的不连续变化这个概念的进一步见解。根据贝特森的看法，低水平的学习（Lower-level learning）被他称为"第一级学习（Learning I）"，发生在一个给定的、固定的背景下，这是条件性或机械式学习。第二级学习（Learning II）需要有背景变化的能力。按我的思维方式，第二级学习是需要量子跃迁的创造性学习。它有助于内在的创造力，它可以被好老师所促进，但没有人能教给我们，它发生在我们内部。

量子创造 焦虑、惊讶和肯定（或痛苦、狂喜和极度恐惧）

如果你回顾自己的童年，你就会发现不连续性充分的证据。试试这个练习。闭上你的眼睛回想你什么时候有了你的第一次经历：1）能理解你正在读的东西；2）理解数学；3）自发地开始跳一个舞步或放声歌唱；4）对数字的语境背景有概念；5）在你自己的国家之外生活突然学会一门外语。想想我是什么意思？

创造经历的不连续性使它自己经常作为一个惊喜展现出来，这就是它们有时被称为"啊哈"时刻的原因。也有人对未知领域的成功跨越惊喜若狂。量子自我体验整体性（Wholeness）的非凡意义可以抚慰没有目标的探索中的自我焦虑（与肚脐脉轮有关）。

歌曲作者P. F. 斯隆（P. F. Sloan）在一首歌曲的写作中用这些话描述了他的痛苦、他的挣扎，我们可能都有体会："我整个晚上大部分时间都在战斗。我不知道我在和谁或什么在战斗，但我生动地记得，是和一些更高的权力，'请让我从这里释放，请让我离开，让我释放'。"

但一个声音不断地告诉他："不、不，对不起，你得与它一起经历。

不能让你错过这一次。"

然后是狂喜。"最后，这些单词向我飞来，我能看到它们，我眼睛里充满喜悦的泪水，我很高兴它们被给予我。"

再一次，科学客观主义的信徒把这些个人体验看做主观的，因此是不可信的。然而，我们将在下面的例子中看到格雷戈瑞·贝特森对海豚进行的研究，有大量令人信服的客观证据证明学习的不连续性。

夏威夷海洋研究所（Oceanic Institute in Hawaii）的教练训练一只海豚听口哨声获得食物。再后来，教练重复吹口哨，训练它做动作并给它更多食物。训练好后，教练带这只海豚向公众展示培训技巧，并告诉观众："当它进入展览箱的时候，我会一直观察它，每当它做了我想要的动作时，我就吹口哨，它重复动作并获得食物。"为了证明这个公开表演可以重复，在每次进行新的表演时，教练必须用口哨和食物奖励它让它做动作。但我认为这是一种学习。但是偶尔贝特森也能看到完全不同的情况：

> 在第 14 次和第 15 次之间时，海豚似乎非常兴奋。当它在舞台上开始第 15 次表演时，它做了一个复杂的表演，包括 8 个显眼的动作，其中 4 个是新的并且在这种动物身上是从来没见过的。从这种动物的角度来看，这就是跳跃，是不连续的……

除了狂喜和惊讶，创造力的不连续性还有另一个显著的特点：确定性（Certainty）。你还记得当一个突然的想法把问题的解决方法显示出来时的场景吗？比较一下你在那个场合靠确定性得到问题解决方法和在一段时间里只能依靠推理来获得答案，你就会明白我是什么意思。当爱因斯坦的广义相对论被证实后，他坐在办公桌前，收到一大批祝贺的电报，此时女记者问他如果实验没有证实他的理论他会有如何感想。爱因斯坦回答："我会感觉对不起亲爱的上帝。这个理论是正确的。"

有人报告说，在创造性想法产生过程中会有一种明显的特有的感觉——生命能运动的一种明显的感觉。有人报告说这是一种"脊柱颤抖

（Shiver through the spine）"。也有人说是他们的膝盖发抖。

总之，世界不仅仅在确定地运行，也是过去条件反射的俘虏。如果你对量子创造力自由运用，你任何时候都有能创造新的可能性的机会。

一个哥萨克人（Cossack）看见一位拉比（Rabbi，犹太教教士）每天都在差不多同一时间走向城市广场。有一天他问，"你要去哪里，拉比？"

拉比回答，"我不确定。"

"你每天在这个时候都经过这里。你当然知道你要去哪里。"

当拉比仍然说他不知道时，哥萨克人开始生气，然后怀疑，最后把拉比投进监狱。就在他要锁监狱房间的门时，拉比面对着他温和地说，"现在你能明白我为什么不知道了吧。"

在哥萨克人拦住他之前，他有一个要去哪里的想法，但他不确定。干预——我们可以把它当作一个量子测量——改变了事件未来的发展。这是基于量子物理学的世界观所带来的信息。世界不是由它的初始条件确定的，是由某一个或所有事物决定的。每一个事件都具有潜在的创造性，承载着新的可能性。

创造性思维一种量子撞击，
就像，新原型的语境背景或意义的量子跃迁。
婴儿会发生量子跃迁，
海豚会发生量子跃迁。
艺术家、诗人、音乐家和科学家也会发生量子跃迁——
因为量子跃迁决定一切。
他们已经欣然接受不连续性，
你呢？

8

无意识过程的证据

　　虽然心理学家西格蒙德·弗洛伊德（Sigmund Freud）开创了无意识就像被压抑的物质的知识库这个概念，他的门生卡尔·荣格（Carl Jung）增加了对集体无意识，共享图像和所有人类共同原型的知识库的认识，但量子物理学给了我们一个更全面的认识。所有量子对象存在于现实中的两个层次：在先验层次对象作为潜在领域的可能性存在；在内在层次对象被显化。我们可以访问这两个领域。我们在无意识状态处理先验潜在性，那里没有主客观的划分意识。我们通过意识认知体验内在的层次。

　　弗洛伊德和荣格引用梦作为被压抑物质无意识过程的证据，确实有关于梦中无意识的相当多的证据。药理学家奥托·勒维（Otto Loewi）的案例很有意思但也很怪异，因为他要证明神经冲动是化学介导的这一出色的想法来自于梦里。当他第一次梦到它，他醒来后立刻把梦写了下来，但第二天早上他无法破译他自己的笔迹。幸运的是，第二天晚上他做梦梦到同样的想法。这一次他小心地把它写下来！

　　卡尔·荣格强调了创造性梦境的原型内容。在发明家伊莱亚斯·豪（Elias Howe）的经历中我们可以看到梦的原型内容如何帮助创造性行为。豪已经进入了第一台缝纫机设计的最后阶段，但他被卡住了。他找不到将针和线串联在一起工作的方法。在一个梦里豪被野蛮人捕获了，他们的领袖要求豪完成他的发明，否则就要接受刑罚。当他准备接受死刑时，豪注意到他的绑架者的矛的特殊形状：它们的矛在矛尖附近有眼形的洞（一个著名的原型形象）。从梦中醒来，豪立刻意识到，使他的缝纫机工作的关键是在针尖附近有一个孔可以穿线。

创量造子 客观证据

对科学唯物主义者来说梦不算数：它们太主观不能被认真看待。然而，无意识的客观科学证据正在增加。首先，心理学家尼古拉斯·汉弗莱（Nicholas Humphrey）发现了一个人类对象，他的大脑皮质存在缺陷导致他两只眼睛的左侧视野失明。但这个人可以准确地指出在他盲侧的灯光，并可以用盲眼区分圆圈和十字，以及水平线和垂直线。但当问他如何"看到"这些东西时，这个人坚持说，他只是猜测，尽管他的命中率远远超出了仅仅靠概率。认知科学家现在认同这种现象，称为盲视，代表无意识过程——没有意识地处理光刺激。

其次，大脑对各种无意识信息的电反应的研究为无意识过程提供了进一步的生理和认知证据。一幅有意义的图画（例如，一只蜜蜂）在屏幕上闪了千分之一秒比一幅中性图片（如一幅抽象的几何图形）会产生更强的反应。此外，当受试者被要求在这些无意识显露后自由去联想，他们用像"刺"和"蜂蜜"这样的词描述。显然，一定有蜜蜂图片的而不需要认知产生像"刺"这样的反应！

第三，认知实验用多义词来描述有意识和无意识心智之间的区别。在有意识的过程中，有塌缩和认知——主客体分割。在无意识的过程中，意识是在没有认知的情况下显现，没有可能性波的塌缩。在一个代表性的实验中，认知主义者安东尼·马塞尔（Anthony Marcel）用包含三个单词的字符串进行实验，字符串中间的单词与另外两个单词歧义相关；他让受试者观看屏幕，三个单词每隔 600 毫秒或 1.5 秒闪现一个。他要求受试者在有意识地认出字符串的最后一个单词时按下按钮。

实验的最初目的是用受试者的反应时间作为衡量标准，来衡量是否可以用单词之间的一致性来判定单词在词组中是否被赋予了不同含义。"palm" 这个单词有"手掌"和"棕榈树"两个含义，"手—palm—手腕"这个字符串就是一致的，而"树—palm—手腕"就是不一致的。例如，单词"手"接着闪现出"palm"，这种偏向性会使我们对"palm"预期产生与手相关的含义"手掌"，这会缩短受试者认出第三个单词"手腕"的反应时间，这种情况下，单词间就是具有一致性的。但是如果第一个单词是"树"，我们会更倾向于把"棕榈树"的含义赋予"palm"，但第三个单词如果是"手腕"的话，识别它的含义就会花费较长的反应时间，因为它们是不一致的。事实上，实验结果也正是这样。

马塞尔的实验直接证明大脑中的思想地图（宏观量子状态）宏观重叠可能性的存在。在选择之前的量子描述中，大脑的模糊状态易受屏蔽模式影响，模棱两可的单词刺激是两个可能的思想地图的重叠。

第四，仍然有更多的无意识过程的证据来自于对裂脑患者（Split - brain patients）的研究，这些患者大脑两个半球的皮质连接之间是切断的，但他们的后脑（与情感相关的）的连接是完好的。在一个实验中，一幅男性模特的裸体照片放置在一位女性的左视野（连接到右大脑半球）中。女人脸红了，但无法解释为什么。显然，无意识过程涉及右脑和后脑触发一个想法（和一种感觉），而不用知道原因。

最后，一些无意识过程与濒死体验（Near-death experiences）相关的不寻常的数据已经为人所知。心脏骤停之后一些人字面上是死亡了（显示水平的心电图读数），通过现代心脏病学的奇迹可以再次活过来。这些濒临死亡的幸存者中的一些人报告，他们能看到自己的手术，好像他们在手术台上盘旋，他们提供的具体细节无疑地表明他们讲述的是真相。

甚至失明的人在接近死亡之前处于昏迷时也报告了这样的远程视力（Remote vision）现象，这表明他们可能会使用非定域性远视能力参与手术。但这些病人在技术上来讲已经死亡了，因此无法通过可能性波的塌缩进行观察，但他们是如何实现"看见"的，甚至是非定域性的？对此的解释是一系列可能性适时地反向塌缩，延迟塌缩发生在心电图机显示的大脑功能已经恢复的时刻。

量子塌缩可以以延迟的方式发生作为对我们延迟选择的响应吗？1993年研究人员赫尔穆特·施密特（Helmut Schmidt）记录了放射性衰变事件，并借助于盖革计数器和计算机为放射性事件建立了一个由 0 和 1 组成的随机阵列。这个阵列随后被打印出来并密封在信封里，任何人都没有机会看到整个事件的经过。几个月后，心理学家试图通过心理运动学的方式在特定选择方向上影响放射性衰变。尽管最初的衰变过程已经过去了数月，但他们成功了。施密特还发现，如果一个观察者，在其他任何人都不知道的情况下，预先打开密封的信封检查打印出的文件，这样数据就不能被任何心理动作影响。得出的结论是简单的、直接的、令人震惊的：量子事件仍然保持可能性直到意识者观察它们并使其现实化——甚至在我们假设它们是事实的情况下这也能发生！

带着耐心和执着，

去做。

用你燃烧的问题，

去刺激创造的过程。

但决不要忽略存在，

因为当语境背景的跃迁爆发时，

它辐射出的答案会带给你爱因斯坦一样的狂喜。

9

痛苦，啊哈和狂喜

"创造力发生在相遇行为中，"罗洛·梅（Rollo May）说，"也可以简单理解为这种相遇是创造力的中心。"而实际上，创造力远不止于此。创造性行为是自我与量子意识之间长期斗争的结果——是旧的意识处理过程和新的无意识处理过程的斗争，也是自我与量子自我之间的斗争。引用创造力研究者霍华德·加德纳（Howard Gardner）的话"孩子与成人之间的交叉点"正是自我与量子自我之间的斗争，斗争的结果即表现为人们可以看到的产物，而创造者自己往往对更深的、内在的意识和无意识的相互作用视而不见。

无意识由谁来负责？在无意识过程中斗争一直在持续，从自我调节占统治地位转变为由量子意识来完成自由创造。要做到真正的自由和创造，我们必须抛弃无意识而转向量子意识。通过将可能性的范围不断扩大以包含新的内容来实现这一点，例如，在我们的生活中引入模棱两可的概念。米开朗基罗（Michelangelo）在西斯廷教堂（Sistine Chapel）的天花板上留给我们一幅绝妙的原型壁画，这幅壁画就是关于抛弃自我转向无法触及的上帝的（图19）。

斗争的一个标志是焦虑（anxiety）。研究人员教动物区分不同的形状，让它们可以辨别出圆形和椭圆形。但当它们学会区别这些形状之后，又把任务变得更难——他们将椭圆形变得越来越圆，看起来越来越像圆形，直

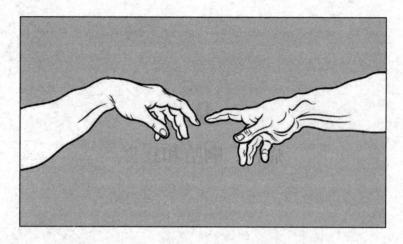

图19　米开朗基罗描绘的上帝（量子意识）和自我（亚当）的创造性互动

到椭圆形和圆形变得几乎没有区别。这时，动物开始显示出严重的焦虑症状，而无经验动物（那些没有教过区分椭圆和圆形的动物）没有出现"实验性神经症（experimental neurosis）"这种现象。

为什么动物会出现这种神经症？因为较小的大脑容量使它们不能处理创造性焦虑，没有足够的能力应对新事物。我们在前面讲到的海豚训练实验表明海豚与这些低等动物相比，能处理创造性斗争引起的焦虑。这是因为海豚和我们一样，在学习过程中大脑有更大的库存能力，这样它们就有了更强大、更牢靠和更发达的自我。

我们通常认为自我处在一个心理过程的简单层次结构的顶部，是我们认识的世界的表现。然而在一个创造性过程中，存在不连续性和不可预见性，也存在创造性过程与自我学到的技能无关这种可能性。研究人员基思·索耶（Keith Sawyer）对爵士乐演奏者的研究表明，"许多人有过被他们自己演奏的乐曲所震惊的经历，另外他们也谈到过不受意识控制是非常重要的一种感受"，同时这些也适用于其他有创作需要的人们。

生理学家本杰明·利贝特（Benjamin Libet）和他的合作者的实验为我们提供了一个关于自我与量子自我相遇的时间尺度的概念，这个实验是在手术过程中进行的：当利贝特对病人的手进行刺激时，病人通过按下按钮来表明刺激已经到达了他的大脑，这个时间大约在 200 毫秒内，但病人用语言回应刺激需要的时间大约为 500 毫秒。这个差异为二次认知过程需要的时间——我们称之为前意识过程。

我们需要进入前意识的模糊区域，穿过记忆重放和条件反射的迷宫，这样才能与速度更快和不受条件限制的量子自我相遇。当自我与量子自我发生创造性的相遇时，我们才真正进入了前意识，这时产生了 "流（flow）"，通过过程的自发性流向创造的狂喜。你肯定已经经历过几次自我停在 "流" 的中心时的心动时刻。你可能有过在音乐中、游泳时或艺术创作中 "迷失自己（losing yourself）" 的经历。这时，我们进入经历的两种模式：量子自我和自我。在量子自我中，创造的自由和自发性控制着我们的思考和过去的环境；而自我有助于用过去的语境环境下的知识和技能表现新的事物。

来自量子自我的召唤

在准备阶段，自我模式占主导地位。当我们开始认真地解决一个问题时，可能先要做一个调查，即关于这个问题我们知道些什么；然后，我们阅读资料并加上我们的想象。我们可以将问题分解为几部分这样才能更有把握解决它，但这一切都是初步的。当我们开始质疑包括问题本身我们已经掌握了什么时，真正的工作才刚刚开始。这时也就是想象力开始发挥作用的时候。

自我更擅长收集和消化信息，就像计算机的中央处理器；而我们处理的新事物是量子形式的，这种情况下自我经验只是作为直觉思维发挥作用。准备阶段只是具有一个初步的直觉，一种要做某些新事物的模糊的感觉，想象力使我们对直觉更加敏感。而这一切都以问出正确的问题作为开始。想一下下面来自《爱丽丝梦游仙境》（*Alice in Wonderland*）的摘录：

"时间总是停留在六点钟。"帽匠悲哀地说。

爱丽丝的脑子里突然快速闪过一个念头，她问："这就是这里有这么多茶具的原因吗？"

"确实是这个原因，"帽匠叹息着说道，"一直是喝茶的时间，而没有洗这些东西的时间。"

"我猜你是不是也只能一直在周围游走？"爱丽丝说。

"确实如此，"帽匠说，"就像是已经习惯的事情。"

"但是如果你能重新回到开始的时间会怎么样呢？"爱丽丝试探着问。

爱丽丝问了正确的问题，她凭直觉感觉到疯帽匠不断重复的喝茶聚会的语境背景是受限制的，这些需要改变一下。但在仙境她的问题没有很好地跟进，因为三月兔改变了话题。这就涉及到创造的另一个重要方面：当直觉暴露了当前语境背景的局限性时，你必须继续跟进。要把直觉看做是在原型引导下量子自我的召唤。

有一天，画家乔治亚·奥基夫（Georgia O'Keeffe）出现情感危机，于是她关闭了工作室，决定好好思考一下。她想到自己一直在用别人的想法进行绘画创作！难道她自己不能画原创作品吗？在那一刻，她突然开始变得对世界开放，她的量子自我给了她在任何问题空间里、任何人或机器在此之前都没有收集过的抽象形状、原创图像的直观灵感。短时间的危机突然带给她要走向哪里的直觉。

罗宾德拉纳特·泰戈尔的一部戏剧是关于创造力的，戏剧开始部分是一个英雄演唱（从量子自我）呼唤直觉的歌曲——这是对创造之旅的准备阶段非常恰当的介绍。如果我们没有听到这首具有警示作用的歌曲，或者如果我们满足于自我停滞，那么创造力是处于休眠状态的。诗人罗伯特·布朗宁（Robert Browning）和伊丽莎白·巴雷特（Elizabeth Barrett）在结婚的最初三年中只写了一首诗，因为他太满足于现状了！

直觉与准备纠结在一起，这种相互作用最终导致老的事物解体，并为新事物腾出空间。我们需要一个强大的自我来处理这种解体。在某种程度上这类似于进入一个超现实主义绘画的世界，相对于我们已经习惯的信仰体系的熟悉度来说，那里的一切都是扭曲的。

研究创造力的弗兰克·拜伦（Frank Barron）提到，极具创造力的人身上存在一个明显的悖论；这些人无论是在自我力量的特质，如面对挫折方面；还是在具有的自我弱点，包括神经症和焦虑方面，经过反复测试都得到很高的分数。我们在具有创造力的人身上看到的自身弱点反映了他们观念世界的解体，而他们具有的自我力量能够推动其观念世界上升到新的水平。

你如何判断是否已经做好合适的准备了呢？答案是准备阶段必须以创造一个开放的思想为终点。在这个阶段，现有的想法、程序和语境背景是不够的，必须进一步使坚定的信念发展壮大。我们必须把我们在探索中积累的知识放到一边，并承认"我不知道"。T. S. 爱略特曾说过，"为了到达未知的领域，你必须以无知的方式去探索"。我们要学会与这种未知相处，12 世纪基督教神秘主义者将其描述为"未知之云（Cloud of unknowing）"，然后我们就进入了创造性过程的第二阶段，即等待量子意识选择新事物，以及等待量子自我和自我进行通信。

那么当我们的思想打开时会发生什么呢？处于准备状态时，我们自己会慢慢熟悉什么是可能的，并且追寻伟人事业的脚印。有了开放的思想后，我们的意识就可以进入超意识和精神世界的无条件状态。事实上，虽然我们所掌握的信息高速公路，以及我们的自我只专注于可用的碎片信息；但意识仍然像一幅全息图，每一个小片断，每一个个人，在他或她的无意识里都存在着整体的信息。对新事物开放思想以及把无意识交给量子意识之后，我们便能接触到所有的超意识原型，以及所有尚未探索的精神含义。列奥纳多·达芬奇（Leonardo da Vinci）已经明白这些，他曾经写到，"这是真正的奇迹，这个世界每个部分的所有形状、所有颜色、所有图像都集中在一个点上。"

准备的另一个关键方面是对亟待解决问题的追求。你曾经被这样的问题吸引过吗？如果没有亟待解决的问题，那么我们很难具有保持洞察力所需的势头。大家都知道进入装满水的浴缸会使水溢出，但只有阿基米德忠诚于他亟待解决的问题，在那一刻看到了他一直在寻找的答案。

数学家 G. 斯潘塞－布朗（G. Spencer-Brown）曾经这样说过："探索最简单的真理，如牛顿所思所做，需要长年累月的沉思。而不是通过行动，不是通过推理，不是通过计算，也不是通过任何繁杂的行为，亦不是通过阅读，更不是通过交谈。而是通过简单地在脑中记住，你想要知道的是什么。"

开放的思想和亟待解决的问题为创造力的下一阶段做好了准备——就是轮流工作和放松，我称之为"做－停－做－停－做（do-be-do-be-do）"。工作是为了做更多的准备，这是有意义的；但什么是放松？放松是为了培育无意识过程中洞察力的果实，这也是需要的。无意识过程包括新的未知的刺激、冲突和歧义。

无为

有一次，毛拉（Mullah，伊斯兰教神学家）纳斯鲁丁（Nasruddin）在路灯下寻找某个东西，这时一个路人也过来一起帮他寻找。但找了一段时间后，当路人没有发现什么时，他问纳斯鲁丁，"毛拉，你到底丢了什么？我们在找什么？"

"我的钥匙，我把钥匙丢了。"

"你在哪里丢的呢？"

"在我屋里。"毛拉回答。

"那你为什么要在这里找？"帮忙的路人难以置信地大声说。

"这里比较亮。"毛拉平静地说。

机械式的问题解决者看哪里有光就在哪里找钥匙。他们努力地通过推理进行有意识的思维过程。但如果问题需要新的语境背景，或来自于先验领域的新含义来解决，那么现有的光就不能发挥作用：因为钥匙在房子里，在无意识的黑洞里。那正是我们想要到达的地方，但如何去呢？只有通过放松，通过无为。

有许多伟大的创造性人物即使在获得巨大成功的情况下，也会暂时停下自己工作的例子。比如罗宾德拉纳特·泰戈尔有一段时间就离开了他的诗歌，因为他觉得诗歌变得有些无聊了。在那段时间他蛰伏起来，偶尔接触一下印度灵性文学。当他重新回来工作时，他写了《吉檀迦利》（*Gitanjali*），因为这部作品获得了诺贝尔奖。同样，在美国诗人 T. S. 爱略特创造的《荒原》获得了诺贝尔文学奖后，他也蛰伏了起来。当他再次回来的时候，将作品《四重奏》（*Four Quartets*）献给了全世界，这部诗歌充满了精神启示与灵感。音乐大师耶胡迪·梅纽因（Yehudi Menuhin）在 40岁时突然不再演奏小提琴，在中断的 12 年中也从来没有再拉过。因为他需要一段很长的时间去恢复他的无意识过程和内在创造力。另外，许多有创造性的人正在热衷于霍华德·格鲁伯所说的企业网络，这使得他们能够在无意识地处理一个问题的同时又能够有意识地处理另一个问题。

创量子造子 如何放大无意识过程

我们大多数人会对有关联的事情做出有意识的反应；比如在读一本书时，我们会把一些想法记下来供以后参考。但这种有意识的关联对真正的创造性突破的贡献微乎其微。如果我们通过无限的想象力和类比来增加这些关联，那么就会有更多的收获。想象可以为无意识过程增加新的可能性，这些可能性与旧的可能性相互作用产生更多新的可能性，这可以为创造性洞察力所需要的格式塔增加更多机会。

亚瑟·凯斯特勒（Arthur Koestler）指出，他称为双关（bisociation）的对立关联——这种不同的关联——对创造性过程更有用。他认为："创造性合题的基本双关模式起因于以前不相关的两种技能或思想矩阵的突然连锁。"双关越惊人，创造性行为越显著、越新颖。

心理学家艾伯特·罗森博格（Albert Rothenberg）也有类似的想法——他称之为雅努斯思维（Janusian thinking，雅努斯为罗马的神，排在有两副面孔的两面神后面）。罗森博格认为尤金·奥尼尔（Eugene O'Neill）的戏剧《送冰的人来了》（*The Iceman Cometh*）可能就是雅努斯思维的结果，只是以笑话的形式进行了叙述：家里用的冰箱没有冰了，丈夫回到家后，问妻子，"送冰的人已经来过（高潮）了吗？"妻子责骂道，"没有，但他呼吸困难。"罗森博格认为，性是生命的一个信号，性表明送冰人还活着，相反就是死了。

与此类似，哲学家黑格尔（Hegel）认为辩证思维（Dialectic thinking）非常重要，通过正题（Thesis）和反题（Antitheses）可以达到合题（Synthesis）。凯斯特勒、罗森博格（Rothenberg）和黑格尔（Hegel）认为当以双关、雅努斯思维（Janusian thinking）和正题 – 反题辩证法的形式引入矛盾时，我们就充满创造力，是不是这样呢？确实是这样，因为在已知的语境背景中进行有意识的分析是不可能真正解决这些矛盾的。当我们面对这些可能性时，只有量子意识可以处理这些信息，并引入新的信息。

查尔斯·达尔文在提出他的进化论时使用了大量的比喻。什么是比喻？在语法上，比喻是对两个对象或事物进行比较，而不使用"比如"或"好像"（典型的例子包括："整个世界就是一个舞台"、"一个强大的堡垒就是我们的上帝"）。比喻是借用一个对象的属性（例如舞台），并把它们放到另一个对象上（比如世界），以方便我们对第二个对象的理解。从量子的角度看，比喻有助于触发我们形成对未知领域的想法。模棱两可的刺激对无意识过程极为重要也说明了这一点。对旧事物的任何怀疑——比如它是对的还是错的？——都能引起模棱两可，这也是为什么悖论和异常在创造性洞察力中发挥重要作用的原因。

工作和放松、努力和放弃

艾米丽·狄金森用"白热化（white heat）"来形容亟待解决问题的强度。依靠人力来保持这样的强度是不可能的。相反，我们的策略是做－停－做－停－做：通过有意识的放松来代替这种亟待解决问题的强度。为什么会有这么大的强度？强度是必要的，因为在我们的无意识过程中会产生可能性的思想叠加，它容易受到我们所熟悉的语境环境的支配。这种强度可以弥补新事物存在的发生概率较低的问题。强烈的坚持非常重要，即使在面对反复失败时，因为在你思想中与这个问题相关的量子状态塌缩得越多，你对新事物做出反应的机会就会增高。因此，在努力的间隙，静静地坐下来，让可能性波去传播，形成越来越大的可能性池，这样量子意识才会有更多选择机会。

一个女人为了做婚纱，到布店去订50码（45.7米）布料。店主非常惊讶地说，"夫人，你只需要几码就够了。"而她回答说，"我的未婚夫是一个实干家，相对于发现来说，他更喜欢探索。"

创造者要懂得放松的重要性，也要知道做－停－做－停－做的重要性。另外，创造者不能沉迷于探索的乐趣中，也要知道如何去发现。

玛丽·居里（Marie Curie）的博士论文主要研究的是铀的电磁辐射，但她当时在寻找辐射的原因时陷入了困境。这时她的丈夫皮埃尔（Pierre）加入了她的研究，经过共同努力最终发现引起辐射的是新的元素镭。很显然，具有创造力的个体的自我必须足够强大，并且有高度的积极性，这样才能保持持久性并能应对焦虑状态，最终量子才能跃迁到新的创造性洞察力水平。发明家托马斯·爱迪生（Thomas Edison）对自己的贡献进行了公正的评价，他说"天才是百分之二的灵感加上百分之九十八的汗水"。

贝特朗·罗素（Bertrand Russell）在下文中描述了他将工作和放松交替以及将努力和无意识过程相结合用于他的创造性工作中的情形：

我会先熟读关于某个问题的书，之后对这个问题给予初步的关注，然后需要一段时间来培育潜意识，这时不能太急，需要经过深思熟虑。有时，过一段时间我会发现之前弄错了，存在于我脑海里的书写不出来。但大部分时候我是比较幸运的，因为通过一段时间完全集中精神，问题会根植于我的潜意识里，然后它会生根发芽，并且会突然出现非常清晰的解决办法，此时我只需要写下发生的事情即可，就像启示录一样。

维尔纳·海森堡为他的博士生制定了一个规则。也就是在最开始与他的博士生们讨论完问题后，他会告诉他的学生们在这上面花费的时间不能超过两周，只要放松就好。因为他非常重视工作和放松的轮流交替。罗宾德拉纳特·泰戈尔也非常重视由意愿和放弃交替发挥作用，在他的一首歌词里对此进行了描述。由于找不到从孟加拉语翻译过来的版本，我做了如下意译：

当无限在召唤，
我想飞向它的海妖之歌；
我想把无限握在手掌，
现在，
我忘了我没有翅膀，
该死我太局限。

这就是努力阶段，具有创造力的人们都懂得这一点。但泰戈尔也非常了解放松阶段：

在懒洋洋的下午，阳光像黄油一样，
摇曳的树投下舞蹈的影子。

我沐浴在无限的阳光中，

无人陪伴，但它仍然充满我思想的天空。

我不知不觉地经历，在沉默的幸福中。

泰戈尔也明白，在灵感再次激发表现的欲望之前，这种好福气不会持续太久：

哦无限，哦伟大的无限——

去吧，吹你的笛子，唱你的歌。

让我忘记，

我房间的门都关上了。

我对创造的能量焦躁不安。

意愿和放弃。

啊哈洞察力

经过很长时间意愿和放弃、坚持和放松以及意识和无意识过程的交替，我们的量子意识学会了认识格式塔、共同构成新的意义和背景的小碎片模式和突破模式，并学会从中做出选择。我们通过从创造性过程中积累的可能性叠加，使格式塔塌缩并把它从我们自身剥离开来。正如我前面讨论的，突破通常发生在放松阶段。

爱因斯坦曾问过普林斯顿（Princeton）的一位心理学家，"为什么最好的想法总出现在我早上刮胡子的时候？"心理学家回答说，意识需要挣脱它的内在控制，这样新的想法才会出现，这是最重要的一点。在通常意识清醒的情况下，自我的内部控制超过了前意识的基本经验，而量子自我与自我之间的通信是通过前意识的基本经验实现的。而当我们放松时——

剃须是一个很好的例子。做梦、洗澡和做白日梦也是很好的例子——洞察力的正常前意识经验就会出现突破性进展。

我还清楚地记得，那天我突然意识到所有的事物都是由意识而不是物质构成的，我们必须利用这点来发展意识科学。很多年以来，我一直在研究意识使量子可能性波塌缩的观点，也一直在努力解释意识的力量如此强大，那它是如何出现在物质的大脑中的。有一天在度假时，我把这个难题讲给一位神秘的朋友乔尔·莫尔伍德（Joel Morwood）听。然而他并不同意我的看法，在经过一番大的争论后，他说了一句话，这句话对我来说也很熟悉："除了上帝，什么都没有。"突然间我明白了，除了意识没有任何东西，物质是由意识的可能性组成的，在意识至上的基础上开展科学工作是完全可能的。

就在那时我看到了新科学的一线曙光；我已经知道它将解决所有旧科学的矛盾并解释所有的异常数据。但我并没有急于做什么，而是在啊哈时刻的光辉中享受了很长一段时间。那种洞察力在我接下来的研究中发挥了很大作用，我提出了意识领域的科学范式，并通过创作《自我意识的宇宙》达到顶峰。

还记得在初级和中级经历之间的短暂时刻吗？我们对中级过程的全神贯注反而分散了对量子自我的注意，这使我们难以体验到自己的量子水平。我们直接经历量子形态与其内在的宇宙意识相遇的机会是非常难得的，也正是这种自发的相遇产生了阿南达（Ananda，梵语指无限的）——也就是"啊哈"洞察力的精神快乐。这也是罗宾德拉纳特·泰戈尔在描述他所体验的光时的感受，我把这光看作是量子自我：

光，我的光，世界充满光；
亲吻我眼睛的光，心脐的光。
啊，轻舞，我亲爱的，
在我生命的中心。轻击，
我亲爱的，我爱的和弦；

> 天空张开，风吹得狂野，
>
> 　　笑声掠过大地。

类似阿南达的巅峰体验也会发生在内在创造力中。在精神传统中，这些经验都被赋予了崇高的名字如三摩地（Samadhi）、开悟（Satori），或是圣灵。

创量造子 在显现中相遇

创造力的第四个阶段，也是创造力的最后一个阶段是显现阶段，这个阶段是想法与形式的相遇。处于自我形态的自己需要为第三阶段中产生的创造性想法发展出一种形式。完成这些后，自我必须整理和组织其元素，并确定其运行正常。在对孩子的绘画研究中可以看到形式的重要性，研究表明孩子们只有学会了某些形式，才能表达某些创造性想法。

甚至爱因斯坦也存在从想法转变到形式的问题。他经常抱怨自己的奋斗目标是为了找到正确的形式和正确的数学，以表达自己的想法——世界上存在的力都是统一的，这个问题也一直困扰他的后半生。事实上，即使在大脑中已经形成了新想法的最初蓝图，但是如果在你知识范围内没有可以使用的形式，那么你又会被推回到寻找想法的过程中。

对于许多创造性行为，在外部世界中寻找形式确实是一件艰难的事情。由于经济原因，建筑师的想象可能在外部世界永远无法找到合适的表达方式。获得更多大理石是米开朗基罗与创造性显现的斗争。即使已经洞察到新的化学元素镭（Radium）存在的情况下，玛丽·居里和她的丈夫皮埃尔也花费了4年时间处理了数以吨计的铀矿，才从中分离出镭。

当尼科斯·卡赞扎基斯（Nikos Kazantzakis）开始尝试写《希腊人佐巴》（*Zorba the Greek*）时，他以下面的方式表达了自己在形式方面的挫败感：

我写完，又画掉。我找不到合适的词语。有时枯燥而且没有灵魂；有时猥亵艳俗；有时又抽象空洞，缺少温暖的内容。我知道自己已经计划好了，但这些懒惰的、不受控制的词语使我找不到方向……我意识到还不是时候，种子里的隐藏的变形还没有完成，于是我停了下来。

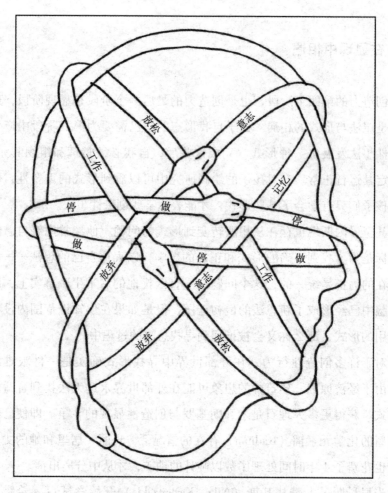

图20　创造性过程各个阶段的纠缠层次

毫无疑问，自我与量子意识的创造性斗争会带来很多痛苦。但这很值得，不仅是因为洞察力会实现量子跃迁，而且是因为斗争会为形式和想法让步（图20）。最终我们会体验到像水流一样的流畅。然后，笔自己会写出来，舞者会变成舞蹈，还有高尔夫球员会发现自己就在洞里。许多有创造力的人都谈到过这种像水流一样的经历。"这就像是潜入水池里——然后你就会游泳了，"小说家 D. H. 劳伦斯（D. H. Lawrence）说，"一旦本能和直觉进入了画笔的顶端，只要想画画，就肯定能画出来。"

小说家格特鲁德·斯坦因（Gertrude Stein）在与作者约翰·普勒斯顿（John Preston）的对话中说过同样的话。"想想发现方面的写作，也就是说，创造必须发生在笔和纸之间，不是在想法出现前或事后再改写。"

创造量子 我们能生活在小圈子里吗？迦梨陀娑的故事

在古印度，有一个著名的国王名叫比克拉姆（Vikrama）。在他的宫里有两个诗人，但他更偏爱迦梨陀娑（Kalidasa）。宫里的许多人都觉得两个人写的诗没有什么区别——诗就是诗嘛。有一天，他们向国王提出了这个问题：为什么你更偏爱迦梨陀娑，而在我们看来两个人写的诗都很好呢？国王觉得是时候给个说法了。

宫里的人全都集中在国王的花园里。花园还处在早春休眠状态，许多树木光秃秃的，有一棵树看上去已经死了。国王把另一个诗人召唤进来，指着已经死掉的树，对他说："请你根据你看到的写一首诗。"诗人应诺，他写的诗歌可以翻译为："前面有根死木头。"然后，迦梨陀娑也接受了同样的任务，他边走边念道，"一棵大树，没有汁液，在前面发光。"

朝臣们从此不再抱怨。只有很少的诗人能把作诗看作一个问题并充分解决，迦梨陀娑已经跳出了语境背景的限制。他能够从光秃秃的树上看到光亮是因为他自己是活的，是自发的，因为他自己就在水流之中。另一位诗人在作诗时是从他的自我出发，而迦梨陀娑是从与量子自我的相遇出发，所以他的诗是自动生成的。

许多诗人生活在小圈子里，沃尔特·惠特曼（Walt Whitman）道：

> 对我来说，每一个小时的光和黑暗都是奇迹，
>
> 每一寸空间都是奇迹，
>
> 地球表面的每一个正方形的院子，
>
> 都以相同的方式铺展，
>
> 每立方英尺的室内都以相同的方式云集。

我相信我们每个人都有这个能力，这种创造潜能。我们只需要显现它。

> 旋律试图把自己束缚在节奏中，
>
> 而节奏最终会重新回到旋律里。
>
> 思想追求的是形式上的身体，
>
> 而身体最终在思想中获得自由。
>
> 无限寻求的是有限的触碰，
>
> 而有限最终会在无限中释放自己。
>
> 为什么戏剧一直在创作和破坏之间徘徊？
>
> 一直不断往返于思想和形式之间？
>
> 因为束缚一直在追求自由，
>
> 而自由却在束缚中寻求休息。
>
> ——泰戈尔

Part Ⅲ

Can Anyone be Creative

第三部分

每个人都可以有创造力吗？

10
创造动机是来自无意识的驱动？

任何人都可以有创造力，我是否可以坚信这一点呢？还是创造力只存在于那些具备不寻常的创造动机或天赋，抑或二者兼备的少数人才拥有？在本章中，我们将仔细研究动机问题。

开创了无意识思想的西格蒙德·弗洛伊德（Sigmund Freud）把动机看作被压抑的本能仓库，主要与性行为有关。根据弗洛伊德的说法，性欲对适应性强的人们通过创造力表达，对适应性差的人们通过神经症表达。弗洛伊德认为具有创造力的人拥有不寻常的能力，他们可以将性冲动升华并将它的无意识的图像处理为社会可以接受的形式，可以表现为新颖的和有创造性的。例如，按照弗洛伊德的说法，列奥纳多·达芬奇开创的描绘女性的特定风格，像蒙娜丽莎（Mona Lisa），就来自于达芬奇母亲的微笑，而这对他来说意味着压抑的恋母情结。

弗洛伊德将创造力看作是神经症的一个亲密的表弟：激发创造性解决方案的无意识冲动也可能激发一个神经质的解决方案。

当一个艺术家出现内向性格的萌芽，那他离神经症也就不远了。他是被过于强大的本能需求所压抑。他渴望赢得荣誉、权力、财富、名声和女性的爱，但他缺乏实现这些满足感的手段。因此，像任何其他不满意的人一样，他转身离开现实，将他的所有兴趣和他的性欲转移到对生活幻想的一厢情愿的建设上去，这条道路可能会导致神经症。

弗洛伊德看到了孩子的想象力和成人的创造力之间的联系，坚持孩子

"自由上升"的幻想和成人的创造力只不过是童年游戏和白日梦的延续的想法。具有创造性的人的力量在于接受这些幻想并好好地利用它们，而神经质的人则压制它们。对弗洛伊德来说，当一个人的无意识过程适应正常的自我运作时就能达到"特别完美的成就"。

意识的量子理论支持弗洛伊德的基本观点，这个观点现在被称为"个人无意识"。如果我们条件性地避免某些情绪化的回忆——也许是因为童年时期的创伤——那么这种可能性就会变得压倒一切，与这些记忆相关的可能性就永远不会从我们无意识过程的量子可能性塌缩而来。然而，这种压抑的可能性，可能会影响随后状态的塌缩，因此创造性和神经质主要取决于主体的适应程度。

但弗洛伊德的理论认为，具有创造性的人只是将无意识的社会不可接受的神经质的形象转换为社会可以接受的新的创造性产品充其量只是故事的一部分。当梵高（van Gogh）绘画《星夜》（*The Starry Night*）作为宇宙能量的旋转质量，他的无意识过程含义的量子可能性不仅由他的压抑（神经质或非神经质）构成，也由超越他人格的能力构成。首先给他的画以形式，然后给它无形的，普遍的直接与观赏者相关的情感。

创量造子 把毒药变成花蜜

俄罗斯电影导演谢尔盖·爱森斯坦（Sergei Eisenstein）被迫在他的电影中描绘残酷的行为。谢尔盖在虐待中长大，所以残酷对他并不陌生，而这样一个痛苦的童年肯定对他产生了很多压抑。那么他在电影中对残酷行为的描述是弗洛伊德创造力的另一个例子吗？不完全是，因为他的电影经常在转变、振奋、积极的情绪中结束。是什么导致了这种变化？

童年时爱森斯坦看了一部法国电影，这部电影对他产生了巨大的影响，并把他改变到新的方向。在电影中，一名军队的军士沦落为囚犯，之后被安排去农场做苦力。因与农场主的妻子偷情，军士的肩膀上被打上烙印作为惩罚。一个奇怪的转变发生在爱森斯坦看待残忍的方式上：他不再确定谁对谁残忍。

在我小时候它（电影）给我带来很多噩梦……在梦中，我有时是军士，有时是烙铁。有时我抓着他的肩膀，但有时似乎是我自己的肩膀，有时又是别人的肩膀。对谁给谁打烙印这个问题我是彻底弄不清楚了。

这是事情所在——在量子形态中邪恶（Evil）与我们同在。当我们直觉地意识到这一点，那么邪恶就可以转化。爱森斯坦自己的精神中发生的综合的洞察力最终使他能够在他的电影中用残忍的丑恶实现伟大的美。如果你曾经看过《战舰波将金号》（*Battleship Potemkin*）你就会懂我的意思。英语教授和作者约翰·布里格斯（John Briggs）已经给了将消极情绪的毒药转变成积极情绪的花蜜这种能力一个名字："全价态（Omnivalence）。"还有一次诗人济慈称之为"消极的能力"。

当莎士比亚创作《暴风雨》（*The Tempest*）时，他知道创造力的这个转变方面。创造力可以将可怕的尸体变为"丰富而奇怪的东西"，他写道。但我们的理性自我必须屈服于我们量子模式的魔力。

> 你的父亲卧于五英寻深处；
>
> 他的骸骨已然化为珊瑚；
>
> 双眼化作珍珠；
>
> 他的任何部分都不曾毁损，
>
> 只是承受着一场巨变，
>
> 化为某种生物，奇异而丰沛。
>
> 海妖不时为他敲响丧钟：
>
> 听！那钟声已响起，叮咚。

这种转变之旅的影响是巨大的，因为它为意识的进化运动发挥作用，使人类对爱的能量敞开胸怀。

〔量子创造〕 来自集体无意识的动机

卡尔·荣格认识到，性欲的升华只是创造性标准的一部分，而非创造性的全部。荣格认为无意识不仅是个人的，也是集体的——全人类可以使用的集体压抑的记忆宝库，超越时间、空间和文化的界限。荣格以这种方式确定了额外的集体无意识（Collective unconscious）驱动的创造性动机。他发现创造性的想法经常披着通用符号的外衣出现（如英雄）。荣格说："到目前为止我们能够完全遵循的创造性过程，主要在于原型形象的无意识激活，并将该形象设置和塑造到最终的工作中。"

因此，对于荣格来说，创造力是无意识驱动的结果，但并非仅来自于弗洛伊德提出的个人压抑的无意识，也是集体无意识唤起的原型形象。

想一想化学家弗里德里希·奥古斯特·凯库勒（Friedrich August Kekule）对苯分子结构的发现。当时所有已知的键都是开放、线性排列的。在这种情况下，对苯的环状键问题无人可以解答。凯库勒的著名突破出现在他的沉思状态中，他看到一个蛇咬自己的尾巴，意识到这种情况下键一定是圆形的。根据荣格的说法，引发凯库勒洞察力的梦境是来自集体无意识原型形象的一个典型的例子——这个例子即是衔尾蛇符号。

好奇心来自于使先前无意识和未显现化的事物显现化的驱动。最初我们的好奇心是温和的和限制矛盾区域的。原型在召唤着我们，但我们却没有听到它们的声音。当我们意识到我们有一个阻碍时，就会通过制造矛盾意识去清理它：创造力、弗洛伊德风格。接下来，我们开始发现转变。我们已经涉及到荣格的原型梦想，而变得更加好奇更有动力去探索它们：创造力、荣格风格。

意识的总体性试图通过无意识的目的性驱动来了解自己，所以它的运动往往是复杂的，甚至是离奇的——以至于我们只是把它们看作单纯的巧合或偶然事件。仔细想一下就会发现事实正好相反。卡尔·荣格将这称为看似有意义的巧合——也就是"同步性(Synchronicity)"——意识和无意识一个在经验的外部舞台,一个在经验的内部舞台,他认为同步性在创造力中具有重要作用。荣格认为这些巧合有一个共同的目标,即我们现在所知道的向下因果关系。这一目标的质量,以及创造性表达的标准,在下一章中阐述。

想开始一段奇幻旅行吗?

自己会进入茂密、黑暗的森林中。

那里有什么?

深入地下的房子,

黑暗而神秘,

唤起幼年对女巫可怕的回忆。

冒险、屈服和探索,

你更喜欢哪个?

还是更喜欢停留在安全的世界之中?

11
与创造性宇宙和它的目的保持一致

所有的创造性行为，包括根本的或情境的、内在的或外在的，它们都具有共同的特征：它们都是有目的的。创造性行为的发生不是随机突袭的结果，但当某人有目的地做某事时，头脑中也就增加了以某种形式的未来的设想为基础的新的价值，虽然这时它非常模糊。

两种类型的目的对人类行为有导向作用。第一种类型的目的比较常见，我们可以称之为相对目的（Relative purpose）——它来自于社会，并且与空间、时间和文化相关。工业、技术、政府和艺术家个人都具有相对目的。解决社会所面临的问题和发明事物以满足社会中的特殊要求也同样具有相对目的。

第二种类型的目的认为创造性行为的目标本身是变化的。并且认为在创造性行为中有一种通用的目标和设计模式，但最终的目标是不确定的。它是机会主义的，是依条件而定的。剧院导演彼得·布鲁克（Peter Brook）完美地表达了这个想法：

哪些是必需的并不能完全设计，设计是清楚的而且是不刻板的。设计可以被称为"开放"的，与"封闭"的相对立……一个真正的剧场设计师应该想到他的设计始终是运动的、发展的，与演员随着表演的进行，在现场的表现有很大关系。对设计来说，设计师越晚做决定越好。

创量造子 创造力中的机会，或者是同步性？

亚历山大·弗莱明（Alexander Fleming）发现青霉素是创造力突破偶然事件的一个有趣案例。根据弗莱明的传记作家格温·麦克法兰（Gwyn MacFarlane）的记述，在弗莱明度假时，在他楼下实验室里的真菌学家分离出了强青霉素菌菌株，这在某种程度上是在弗莱明的实验室里通过皮氏培养皿发现的的。通常每年这个时间的寒冷天气可以帮助霉菌孢子生长，同时防止细菌生长。随着环境温度上升，细菌除了在皮氏培养皿中不生长之外，几乎无处不在地生长。这引起了弗莱明的注意：在皮氏培养皿上，是什么阻止了细菌生长？这是"一个令人难以置信的偶发事件"引起重大创造的案例。但这真的只是偶然吗？我把它叫做同步性事件，我想荣格会同意的。

不管你对机会怎么称呼，如果它能通过偶然的巧合创造奇迹，那么我们为什么不能有意地利用它呢？音乐家约翰·凯奇（John Cage）尝试了在音乐创作中利用机会。对凯奇来说，即使是即兴音乐，如爵士乐或东印度音乐也是有已知的模式可以遵循的。他觉得如果要在20世纪发现真正的新音乐，就要尝试利用机会。于是他开始将合成音乐、各种自然和人工的声音混合在一起创作自己独特的声音。在一次音乐会上，他竟然尝试让听众听不到乐器或人声，只能听到随机的有人打喷嚏或人不停运动的噪音！

在艺术领域，罗伯特·劳森伯格（Robert Rauschenberg）也进行了类似的实验。劳森伯格年轻时对表现主义绘画感到失望。相反，他认为绘画本身应该被看作一个对象，然后他有了一个想法：为什么不使用对象？于是他通过将真正的纽约市的一点点和一片片粘贴到画布上创作了一些纽约市的有趣的画面。

不管是凯奇还是劳森伯格的思想都没有发挥长期的牵引作用，虽然他们在现代艺术史上有一定的地位，我认为这个说法是公平的。杰克逊·波洛克（Jackson Pollock）是怎么做的呢？他通过在画布上用一种看似随机的方式泼洒颜料创造出了一些伟大的绘画作品，这种方式很像用任意组合的词汇创作一首诗。这也是为什么许多骗子——包括艺术家和艺术品经销商——通过销售波洛克的赝品大发横财的原因。但是当俄勒冈大学（University of Oregon）的物理学家理查德·泰勒（Richard Taylor）受波洛克－克拉斯纳基金会（Pollock – Krasner Foundation）邀请调查这种欺诈行为时，他发现波洛克的画根本不是随意的。相反，它们描绘了自然界发现的分形模式（Fractal patterns）。这种模式对人的眼睛有抚慰作用，这也解释了为什么艺术家对公众具有吸引力。

漫画人物呆伯特（Dilbert）说，"如果创造力本质上不是随机事件，那应该已经有人想出了创造力的计算方法。"许多科学唯物主义者也是这样认为的。如果刻意利用机会，却没能产生创造性产品，那么为什么很多人仍然认为偶然的机会对创造力是有作用的呢？反过来想，我们应该将后者看作是同步事件——非定域性意识选择的事件，只是披着偶然或巧合的外衣而已。

在这本书前面部分，我讨论了考尔德移动雕塑的发展，一个看似偶然的巧合在考尔德的工作中发挥了重要的作用。因为遇到抽象艺术家皮特·蒙德里安（Piet Mondrian）并看到他的作品，考尔德突然看到了抽象雕塑的价值。蒙德里安遇到考尔德难道是纯粹的偶然吗？荣格可能会说它是同步性，我是同意这种说法的。任何从事创造性工作的人都可以找到许多这种看似巧合的事情——翻开一本书正好在正确的页数、在正确的时刻看到一幅图画、在正确的时间听到某些事情等。诺贝尔奖获得者默里·盖尔－曼（Murray Gell – Mann）在一次物理讲座上正在作一些关于奇怪的基本粒子的报告，当他犯了个口误时，他突然灵光乍现意识到这个口误就是他一直在寻找的问题的答案。（也许是荣格的跃迁？）

在1993年我第一次上电台节目时，一个老太太问我，"当我们死的时候会发生什么？"我不知道！这个问题让我吓了一跳，但我回过神来，并没有去管它。差不多一个月以后，一位年长的神智学者对我刚刚出版的书

《自我意识的宇宙》表示感兴趣，但实际上他使我的头脑里充满了神智的想法，比如转世。起初，我没有拿它们当回事。然后，有一天晚上当我做梦时，我听到一个声音跟我说话，但我不能理解它的意思。声音越来越大，直到我能清楚地听到，"《藏族亡灵书》（*The Tibetan Book of the Dead*）是正确的，你需要用你的工作来证明它。"警告的声音太大了，使我从梦中惊醒。从那以后我开始重视转世。

几个月后，一个男朋友已经去世的研究生来到我办公室，为她的悲伤寻求帮助。我告诉她我不是医师，但她还是坚持过来。然后有一天，我试着安慰她说也许她男友的细微体（Subtle body）或能量体（Energetic body）在他的死亡中幸存——这是我在学习印度教过程中获得的想法，但自己并没有认真对待。这时忽然有一个念头冲到我的脑海中：假设细微体和我们赖以生存的生命体的本质是由量子可能性组成的，那么意识在它们（也称为物理领域）之间是通过非定域性发挥中介作用？这样的话二元性问题，以及灵魂从一个人的生命延续到另一个人的生命这个问题如何解决？随后，我写了《灵魂物理学》（*Physics of the Soul*）这本书。

过了一段时间，我对深度心理学班级的学生们开了一门研究生课程，这门课将量子物理学和荣格心理学连接起来，但是响应平平。有一天我做了一个报告，讲到思想、身体、精神、生命，和自我的超意识方面都是意识的量子可能性。即使这是个巨大的新想法，精神－物质二重性的解决方法，也没有引起学生的兴奋。在绝望中，我进一步给他们讲述了我是如何有了这个新发现的想法的：上面的故事。当我结束了报告，同学们兴奋地热闹起来。从那以后我在我的学生中树立了威信。

冥想老师和作者杰克·康菲尔德（Jack Kornfield）为我们提供了一个关于内在创造力同步性的很好的例子。在康菲尔德指导的一次冥想训练中，一个女人因为童年受到的虐待而精神痛苦。在这次训练中，她终于从内心宽恕了那个曾经虐待她的男人。当她结束训练回到家时，她在信箱里发现了一封来自那个男人的信，而她与这个男人已经15年没有联系了。那个人在信中请求她的原谅，这封信是什么时候写的？与女人完成了自己的宽恕行为恰好是同一天。

毫无疑问：我们根植于意识中的相互联系（图21）滋养了创造力。像康菲尔德宽恕了别人的女人，当我们参与一个创造性的洞察时，我们就与整体的运动对齐，具有非定域性意识。运动没有定域边界，它既不是起源于也不是结束于一个特定的大脑－精神复合体。

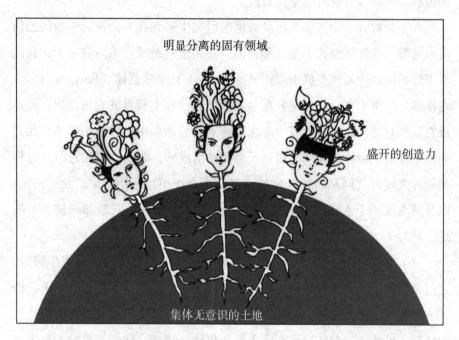

图21　固有领域的明显分离（Apparent separateness）产生于集体意识的联合。我们的创造力通过量子意识相互关联的根得到滋养。

宇宙的创造性进化与宇宙的目的保持一致

意识的原型主题通常是以潜在的形式存在的，直到通过物质使其显现化，并且使其发展到足够复杂，达到在生命起源方面能够自我参照的程度。当人类形态出现时，其生物功能随之显现化，此时各种脉轮表现为器官。然后赋予意义的思维发展为大脑皮层的形式,同时意识发生巨大跃迁——具备了把自己从整个世界独立出来,并且能够意识到这种区别的能力。

人类学家研究和编纂的细节知识表明:从我们的原始时期,也就是仍然是猎人和采集者的时期开始,我们思维过程的意义已经发生了显著进化。退回到那个时期,我们最感兴趣的对物理性的事物赋予意义,因为是为了生存。下一阶段我们更倾向于给我们的感觉和运动的能量赋予意义;此时我们发展出了非常重要的思想。这一时期人类开始使用像锄头这样的农具发展小规模农业。毫无疑问这个时期的男人和女人一起劳作,从而促进了重要思想的发展。

随着耕作、大型农业、为富人创造的休闲时间的发展,我们对精神过程本身的意义变得越来越感兴趣。由此开始了理性思考的时代,到现在我们仍然在探索。下一阶段的心智将对直觉赋予含义,引导产生直觉思维已经变得越来越明显。我们中的局外人几千年来一直在探索直觉思想,但这种能力还没有作为一个整体渗透到社会。当我们都习惯了处理我们的直觉的意义和生活中发现的意义,那么我们将会把天堂带到这个世界。这就是我们的创造性进化要去的地方。

当我们意识到宇宙正试图通过我们发挥作用时,我们会变得在生活中更有创造力,我们会变得与宇宙的目的同步。正如小说家尼可斯·卡赞扎基斯所说的,一个人需要开放私人的河床,这样宇宙才会流经它。这是可能的吗?罗宾德拉纳特·泰戈尔描述了还是一个孩子时的经历可以证明这一点:

    我还记得我童年时在第一次识字课上苦苦挣扎……突然,我想到一个押韵的由单词组成的句子,可以被翻译成这样:"天在下雨,树叶颤抖。"我立刻来到一个世界,在那里我找回了我的全部意义。我的思想触及了表达的创造领域,并在那刻我不再是一个单纯的心里闷闷的被拼写课压抑,被教室封闭的学生。雨打树叶有节奏的颤抖的画

109

面打开了我心中的世界，画面不只是传递信息，更与我的存在相和谐。无意义的碎片失去了它们单独的隔离，我的心灵陶醉在视觉的统一中。以类似的方式，在村里的那天早晨，生活的真相突然在一个明亮的真理的统一中出现在我面前……我确信一些理解我和我的世界的人正在寻求他的最好的关于我所有经历的表达，使它们合并成一个日益扩大的个性精神的艺术作品。

当艾伯特·爱因斯坦5岁时，有一次生病躺在床上，他的父亲送给他一个磁性罗盘。不管他如何旋转底座指针都无法改变指针指向北方这件事使年轻的爱因斯坦感到非常兴奋，根据物理学家杰拉尔德·霍尔顿（Gerald Holton）的说法，这也给了爱因斯坦未来研究物理学的一个主题：连续性（Continuity）。我认为它带来的不只这些：它给了年轻的爱因斯坦对宇宙本质的求知欲，这也是为何他在以后的整个生命中对科学无懈追求的初期动因。就像他后来对他的研究所说的，"（我想要）体验宇宙作为一个重要的整体的感觉。"

物理学家霍华德·格鲁伯在达尔文的笔记中发现了经常出现的树的图像，一幅"宽范围的图像（Image of wide scope）"，这幅图好像对达尔文有深刻的影响。生命之树象征着达尔文对宇宙进化目的同一性（Oneness）的感觉；通过这里达尔文看到了生物学研究的宏大规模："每个自然学家在解剖鲸鱼或者对螨、真菌或者纤毛虫进行分类时都应该想到的大问题就是生命的规律是什么？"这个认识使达尔文提出了进化论，但该理论并不完全，正如达尔文之前提到的，他的理论未将目的性（Purposiveness）包括进去。

诗人和艺术家卡罗琳·玛丽·克勒费尔德（Carolyn Mary Kleefeld）说，"正是对我与宇宙关系的探索……驱使我进行翻译。"在克勒费尔德7岁时，她看到透过窗户的阳光中尘粒飞舞，这使她产生了第一次创造性表达，也导致她对创造力的毕生奉献。

小说家亨利·詹姆斯（Henry James）在参加宴会时正好碰到一对母子

因为财产而产生争执，一位女士对此正在发表意见。仅仅是世俗的谈资吗？对詹姆斯来说不是，这给了他灵感，使他写出了《波因顿的战利品》（*The Spoils of Poynton*）。对微妙色彩含义——微妙差异的体验往往是同步性的标志。

弗吉尼亚·伍尔夫（Virginia Woolf）以生动的形象描述了她在孩童时期对微妙差异的第一次体验：

> 如果生命有其发展的基础，如果生命是一个碗的话，有人一直在往里面加东西——那么我的碗毫无疑问会记住这些。当时的情形是：我躺着半睡半醒，在圣艾夫斯（St. Ives）托儿所的床上。我倾听波浪的拍打，一下又一下，拍打在黄色百叶窗后面。我倾听风吹拂百叶窗摆动时摩擦地板的声音。我躺着倾听飞溅的声音，看着时隐时现的光线，感受着这一切，我不敢想象我就在这里，感受着最纯粹的狂喜。

伍尔夫早年的经历对她的小说《致灯塔》（*To the Lighthouse*）和《海浪》（*The Waves*）有潜移默化的影响。

在这些同步性经历中会发生什么？会发生初步认识事件——也就是自我与量子自我的短暂相遇，和对量子非定域性的短暂一瞥。这样的相遇会导致一个更广阔的视野，产生扩大范围的图像。它也可能产生具有巅峰体验的狂喜，激发个人的使命感与宇宙的目的保持一致。

当你还是孩子时，你可能经常经历这样的时刻，但不一定会记得。因为你还不知道这对世界的敏感性有多重要，你会很长一段时间具备对自己的洞察能力，直到它慢慢在记忆中消失。

约翰·布里格斯认为如果早期对敏感性的细微差别进行开发，那对我们以后的创造力至关重要。可能真的是这样。但是当你成年后，你还能重建这种创造的敏感性吗？我认为也是可以的。你一直保持着潜在的量子自我，只是你没有意识到而已！为了对世界更加敏感，你必须让你的量子自我重新发挥影响，就像你还是孩子时做的那样；这种重新恢复是内在创造力的目标。在创造力方面大器晚成的例子很多。通过将世界的目的个人化就能实现这一点，不管任何年龄都可以。

　　将宇宙的目的个人化之后，量子意识原型的创造精神就会以量子自我的方式显现化并尝试引导你。你将与威廉·沃兹沃斯（William Wordsworth）的这些诗句产生共鸣。

人心智的形成和建立，

就像一首音乐的谱成。

从婴儿期的黎明拨开云层，见到光明，

到渐渐变成受人喜欢的人，

这其中很重要的是心灵的养成。

带着温柔的目光——安静的力量去追求他的人生，

然后力量褪去，虽然意识不到，但是非常美妙，

直到进入卑鄙的非未知的世界——

对于我来说，虽然机会很少，

但在我童年的日子里，感觉很奇妙。

——沃兹沃斯

12

创造特质来自于哪里？

在一些实证研究中，具有创造性的人富于想象力、自信、原创、勇于冒险、与众不同，同时又是收敛的思想家和干活卖力的工人。特质论者认为尤其是这些能力，将具有高度创造性的人与我们其他人独立开来。

两个法国的男孩接受了一项任务，去短期旅行然后回来做一个报告。当他们回来时，第一个男孩被问道："旅行中你看到了什么？"男孩耸了耸肩膀，"没什么。"听起来很熟悉吧？但另一个男孩，回答同一个问题时，用发光的眼睛说，"我看到了很多。"然后他详细地描述了他看到的一切。第一个男孩是一个典型的孩子，经过一些耐心提示后，他可以说出一些有趣的轶事。而第二个孩子长大后就是著名的小说家维克多·雨果（Victor Hugo）。

一个特质论者可能会说，维克多·雨果是天才，因为他有发散性思维（Divergent thinking）这个特质。多数特质论者认为与创造力相联系的品质是可测量的，所以他们已经开发了测试方法以量化这些特质确定人的创造潜力。这些创造力测试让人联想到对智力的智商测试（IQ tests），但创造力测试更为精细并涵盖了许多人格维度，包括情绪和价值观（而智商测试更专注于理性思考）。

创量造子 发散性思维与收敛性思维

广泛应用的创造力测试由创造力研究人员 E. P. 托兰斯（E. P. Torrance）和 J. P. 吉尔福德（J. P. Guilford）提出，该测试强调我们如何学习和思考，我们是否倾向于通过多种方式或迅速集中在一个特定的方式中思考问题——这就是一个人的认知方式是发散的还是收敛的。假设你问一个孩子，要求他说出一周中以字母"t"开始的两天。最开始他说："星期二（Tuesday）和星期四（Thursday），"但想了想他又补充道，"今天（Today）和明天（Tomorrow）也是。"你立刻就知道他是一个发散性思维的思考者。

爱德华·德博诺（Edward de Bono）是马耳他的医生、发明家和作家，给出了发散性思维一个很好的例子（德博诺称之为横向思维）。在这个例子中一个放债者碰到了一个深陷债务的人和他的女儿正在外面一条铺着鹅卵石的路上散步，"这里有两块鹅卵石，"放债者说，并把它们扔到一个袋子里，"一个白色的、一个黑色的。如果你的女儿在没有提前观察的情况下，能从包里把白色的石头挑出来，我就可以免除你的债务。但如果她挑出黑色的，那么她就是我的了。"

利用收敛性思维（Convergent thinking）会有 50% 的机会挑选到白色的鹅卵石，所以借款人同意债主的概率赌博游戏。但他的女儿具有发散性思维（也可能是听从了她的直觉），知道最好不要信任借款人。她怀疑这两个鹅卵石可能都是黑色的。该怎么做呢？她把手放在袋子里拿出一块鹅卵石，但假装笨拙地被绊了一下，在看到颜色前把它扔在鹅卵石铺的路上。然后她喊道："我太笨了。我把它弄丢了！但幸运的是，我们可以通过观察袋子里剩下的那个鹅卵石的颜色来判断之前丢出的鹅卵石的颜色。啊，它是黑色的。所以我丢的那个是白色的。"

面对它，我们怎么能怀疑发散性思维与创造力的相关性呢？如果你的思想在锁定一种可能性之前没有打开考虑多种可能性那你怎么能有新的发现呢？下面的例子更微妙的，在一项调查中，当有创造力的科学家被人问到是否使用了发散性思维，他们回答"没有"，他们是使用了收敛性思维来缩小答案的范围。那么托兰斯、吉尔福德提出的创造性与发散性思维的关系是错的吗？不一定，具有创造性的人确实擅长发散性思维，尽管他们大多是在无意识里这样做。在可能性领域中，他们允许未解决的歧义通过无意识过程扩散可能性。然后，当时机成熟时，创造性的想法突然闪现，这看起来似乎是收敛性思维逻辑过程的结果。

特质来自基因和大脑吗？

科学唯物主义者认为，定域造成一切效果，创造力也不例外。因为对于他们来说，只有基本粒子有因果力，创造力的因果链必须像这样：基本粒子构成原子，原子构成分子，它们中的一些是脱氧核糖核酸（DNA），而这其中一部分是基因。基因决定特质，特质激励人的创造力，因为创造力有生存价值。基因也决定所有其他的行为习惯，我们需要行为习惯使我们的创造力取得成果。

19 世纪杰出的科学家弗兰西斯·高尔顿（Francis Galton），在 1869 年出版了一本名为《遗传的天才》（*Hereditary Genius*）的书，在书中他试图表明"人的自然能力是继承而来的，与整个有机世界的形式和物理性质有完全相同的限制"。事实上，如果你仔细查看高尔顿有天赋的人的谱系名单（他们是否都是天才有待商榷），你会留下深刻印象。他提出的观点之一，例如，"至少有40%的诗人（研究人数：56 人）与天赋有关系"。

高尔顿甚至在我们知道遗传如何发挥作用以前就已经列出了他的名单。后来基因的发现被认为是高尔顿的创造性性格遗传假说的一个有力支持。而后随着人类对基因组更多的发现，这件激动人心的事逐渐平淡下来。人们目前尚未发现创造力基因，基因也不通过人与人的联系这种方式表达人的宏观特质，尤其是人格特质。生物形式的构成，包括大脑的通路，如我们先前讨论过的，是基因遗传、形态发生场和环境复杂的相互作用的结果。此外，人的自我发展也必定发挥了一定的作用。要将遗传与形态发生场和环境影响分开是非常困难的，但一个突出的支持后者的事实是具有高度创造力的人的孩子没有高度创造性是极其罕见的。

在20世纪80年代有很多关于创造力是大脑右半球具有的特性的争论，右半球主要作用是全面分析，与用于计算和推理的左半球相反。当时的理论认为，许多人受社会制约发展的只有左脑，而决定创造力的主要是右脑，因此这些人的创造力难以得到发展。但该研究未能确定决定创造力在人类右脑中的确切物理位置。

创量造子 行为调节是否产生特质和动机？

正如我之前提到的，有许多调查支持人格特质（Personality traits）是创造力的关键这一观点，而且认为人格特质是可以学习的。然而，特质论者的调查却否定了这些观点。

其中一个调查是在20世纪50年代由唐纳德·麦金农（Donald MacKinnon）完成的，他研究了40位最有创造力的美国建筑师。另外又研究了两个对照组：一组是从一个建筑师目录中随机选择，我们称它为无关组。第二组的成员也互不相关，但与上一组的区别是：这个小组的每个成员都与上面提到的具有创造力的小组成员一起工作过至少两年，我们把这组称为副组。

在一系列的多维测试中，具有创造力的建筑师这一组在许多人格维度中与无关组不同。他们对美学的鉴赏打分高很多，在经济学方面打分低很多。具有创造力的这组对感情的敏感度打分也很高，而他们在社交方面却明显呈劣势。

这些结果更支持特质论（Trait theories）。然而不利的结果是在人格测试中,副组的 40 个人中有 39 个人与具有创造力的这组表现相似。当没有创造力的人和具有创造力的人具备相同的人格特质时,我们怎么能说人格特质对创造力来说是独一无二的呢?

这是否意味着人格特质在这里并不重要?不是这样,具有创造力的一组和无关组之间成员性格差异太大而必须引起重视。而副组和具有创造力的一组之间只有一点不同,而这不相同的一点使两组产生显著差异。即所有的副组成员都缺乏美学——而这正是体现创造性建筑品质的一点。

并不是学会了人格特质就保证会产生创造性成果。动物训练为行为调节的有效性提供了令人信服的数据,但是动物的自我非常弱,它们超越条件性的能力比较差。所以基于动物获得的结果对人类并不适用。但如果个性特征不是遗传的和学来的,那具有创造力的人的性格特征又来自于哪里呢?

创造量子 创造特质是从前世遗留下来的?

除了基因、大脑和环境条件,还有另一种可能性。创造力所必需的特质可以是前世留下的礼物。但是,转世从科学角度来看是有依据的吗?我将在下章中概述支持性数据,但现在我想和大家分享我的信仰,我们从具有创造力的人们身上看到的特质非常特别,需要很多时代才能建立起来,这也是为什么有创造力的人似乎很容易地唤起它们,而我们其他人却要依靠非凡的努力。

在这里,我要重申一下,形态发生场与我们的器官是密切相关的。人一生中的创造性工作会使大脑发生变化,生成支持创造性行为的神经回路,这意味着相关的形态发生场也必须随着大脑改变。这些变化的倾向是非定域性的,因此,当转世时,我们继承了大脑形态发生场中这些非定域性学习的知识,这使我们的大脑具有高度发达的创造性行为通路。

QUANTUM CREATIVITY

> 教条说，"相信数据，
>
> 　　而忽略其他，
>
> 这符合你的世界模型。"

> 世界说，"不理教条，
>
> 　　扩展你的模型，
>
> 这样才能与世界和谐共生。"

13

创造力与转世

在前面我阐述了我的观点，即任何人都可以变得具有高度创造性，但这个问题也是微妙的。对于一件事来说，为了使努力获得成功，高度的动机和强有力的意向是必需的。我们的创造力取决于我们有多想找到令灵魂满意的问题的答案：我们有多强烈地需要知道？任何人都可以具有创造力，但具有创造力的人的创造范围是很广的；那么在这个范围内什么因素发挥重要作用？环境调节（Environmental conditioning）起着作用，遗传学可能发挥有限的作用，同步性发挥作用，无意识的驱动发挥主要作用，正如我在上一章最后提到的，我们的知识作为"灵魂（Soul）"（即细微体学会的习性）通过世代轮回积累起来，这可能是所有因素中最重要的因素。

当物质体（Material body）死亡，这些细微体学会的倾向（Tendencies）在非定域性记忆中幸存下来，在未来会转世到另一个身体里面。在死亡与重生之间，我们作为一个"量子单子（Quantum monad）"（俗称"灵魂"）存在下来，作为积累的性格方面或习性的宝库，东方人用梵文单词描述为"业力（Karma）"和"行（Sanskara）"。

有经验证据表明记忆是非定域性的。在 20 世纪 60 年代，神经生理学家卡尔·拉什利（Karl Lashley）开始寻找大脑把我们所学到的东西存放在哪里。他训练大鼠在一个 Y 形迷宫里寻找奶酪，然后系统地切除部分大鼠大脑，然后一直测试大鼠在之前学到的行为是否被消除了。奇怪的是，他发现即使有 50% 的大脑被切除，受过训练的大鼠仍然能找到奶酪的路径。

这一发现支持吠陀思想，即学习记忆不仅是定域性的也是非定域性的，这在古代术语中称为阿卡西（Akashic），是一个梵文单词，意思是外部的空间和时间。

可以在每个新生儿的父母都亲身经历过的一个现象里找到进一步相关的实证证据。婴儿并不是生来就是一块白板，而是已经发展了一些可以触发的倾向。以东印度数学家斯里尼瓦瑟·拉马努金（Srinivasa Ramanujan）为例，他出身在一个非数学家庭，而且几乎没有接受过正式的数学训练，但却对数学理论数论和无穷级数做出了非凡贡献。然后就是莫扎特的案例，他的家庭多少有些音乐传统，但这很难解释一个 6 岁的孩子可以写出原创的曲子。按照我的思维方式，这些天才出生时就带有先天的创造力，增强的动机和专注的意向能力，是前世传给他们的。维克多·雨果是一个天才，不仅是因为他出生时就具有特殊的遗传特质，还因为他的前世为他带来了一些惊人的能力和动机。

瑜伽心理学与心理素质的概念

转世理论认为我们从前世获得的所有倾向中有三个最重要的心理素质（Mental qualities），在梵语中称为三德（Gunas），即惰性（Tamas）、激性（Rajas，梵语的情境创造力）和悦性（Sattva，梵语的根本创造力）。第一个是惰性（Tamas），三德之首是惰性，"Tamas"是梵语，意思是行动要符合过去环境的倾向，这是过去已经存在的；这也是我们成长和记忆塞满大脑所支付的代价。惰性在我们转世历程的早期占主导地位，逐渐地，经过许多次转世投胎，这种趋势让位于激性和悦性。

法的概念

我们中的每个人进入投胎转世都需要走一个东方人用梵语称为"法(Dharma)"的流程。为了完成我们的法，我们在这一生中需要学习法令，我们带着许多前世中获得的倾向。然而我们不是带着所有那些倾向重生，相反，我们只带着遵循我们的法需要的东西。

法国数学家埃瓦里斯特·伽罗瓦（Évariste Galois）21 岁时在决斗中被杀死。但即使如此，他仍然对一个新的数学领域做出了贡献。年轻的埃瓦里斯特在家接受教育直到 11 岁，然后在高中时，他钻研伟大的数学大师的理论，并开始证明他自己的数学定理。他的大部分工作是在他去世后才出版的。

把伽罗瓦带入数学领域的是与一个有天赋的数学家编写的几何教科书的同步偶遇。阅读那本书对伽罗瓦来说一定是一个不寻常的经历。一些创造力研究人员认为这是"一个发展的人和特定领域的努力之间"的匹配这样一种结晶的经历。从量子角度来说，这样的时刻是一个人的法和一个特定的领域相配——真正的匹配还包括无意识的驱动。

明朗化的经验是对已经发现了自己的法的直观认识，也是如何对有目的的宇宙做出贡献的直观认识。

约瑟夫·坎贝尔（Joseph Campbell）是著名的神学家、作家、演讲家，他创造了流行语"跟从你的快乐（Follow your bliss）"。他通过寻找和发现来自人类早期历史的神话的意义，在生活中找到了属于他自己的快乐。

我自己的人生改变的经历——我的法的启示发生在 1973 年，在做了10 年学术科学家之后。我当时很不高兴，但我却不知道原因。在一次核物理学的会议上我是报告人。当轮到我做报告时，我认为自己作了一个很好的报告，尽管如此，我还是非常不满意，我发现自己在拿自己的报告和别人比较并感觉到嫉妒，这种情绪延续了一整天。

到晚上，我参加了一个聚会：有很多免费的食物和酒，还有其他很多有趣的公司和人给我留下了深刻的印象。但我感觉到更多的嫉妒，为什么人们不关注我，至少没有足够的重视，以减轻我的嫉妒的感觉？我意识到我已经服下了一整包抗酸药片，但我承受的心痛却没有减轻。

感到绝望，所以我去外面。这次会议是在加利福尼亚州的蒙特利海湾举办。天气寒冷，我独自一人，突然，一阵清凉的海风吹过我的脸，一个想法浮出水面，然后又重现："我为什么这样生活？我为什么这样生活？"

为什么我以这种方式生活，我的专业和个人生活已经变得如此彻底地彼此分离？这个问题一直伴随着我，随着时间的推移，它驱使我整合物理与我的日常生活。这反过来又导致了从那时起我生活中所有事情发生改变。我找到了我的法！

通过发现原型使我们具有身份认同（爱人、母亲、父亲、孩子、骗子、鼠尾草等），这需要根本创造力。情境创造力使我们参加许多基于这个发现的二次创造行为。我们在特定的生活中拥有的悦性或根本创造力越多，那么我们通过创造力"灵魂的搜索"，可以更直接地参与伟大原型的发现。如果除了悦性还拥有了激性或情境创造力，那么我们可以利用情境创造力这个"脚手架"来弥补搜索灵魂的不足，通过这种方式可以促进全人类的进步。

你如何提高你创造力的动力？通过哲学家室利·奥罗宾多（Sri Aurobindo）所谓的悦性的净化。最初，当你的悦性动机不纯时，惰性（条件作用）占主导地位，所有无意识过程出现的是自我的东西和个人无意识被压抑的图像。随着悦性的净化，激性开始占据主导地位，集体无意识的图像向你敞开。只有随着更进一步的净化，悦性主导地位有所发展，你对创造力的动力才会由量子无意识驱动，并对原型充满好奇，一旦你可以深入到无意识过程就可以进入未知的领域。

在这个层面上来说，任何人都可以有创造力吗？答案是肯定的，但它需要多次轮回以建立必要的经验。事实上，在人类进化的这个阶段，有许多不成熟的灵魂，对他们来说创造是困难的。如果你对创造力感兴趣，且希望提升你在生活中扮演的角色，那么你已经具备了成功的必要条件。应用量子视角可以把你的创造魔鬼（天赋）从瓶子中解放出来。

灵神经科学家已经发现，我们的大脑有一个显著的特性被称为"神经可塑性（neuroplasticity）"——为了适应新的学习过程而建立新的神经细胞网络的能力，这种能力包括用你已经掌握的知识来支持你完成最深层的创造冲动。你通过探索原型，通过调整目的性宇宙，通过认识你周围的同步性消息，最重要的是通过发现你的法——你的学习计划开始这个过程。

你想有创造力吗?
探寻某种事物，
探索某个领域，
与你的法相一致。

期待意外，
期盼同步性事件，
合适的鞋子会与你相伴。

净化悦性，
你会得到永远的快乐。

Part IV

New Paradigms in Old Creative Areas

第四部分

旧的创造性领域的新范式

14

创造性领域的新科学有多酷？

伟大的物理学家理查德·费曼（Richard Feynman）说，"科学想象，是在紧身衣里的想象。"虽然从他的成就来判断，费曼自己从来没有被束缚在紧身衣里，但时至今日，很多科学家仍然认为知识的进步需要依靠科学方法——通过严格的试验和误差的应用来建立新理论，然后进行实验测试。正因为如此，我们看到创造力和创新在科学和技术方面的缺乏也就不足为奇。幸运的是，因为认识到科学方法的不足之处，范式正在发生转变，这给我们带来了整体性的、不受教条限制的世界观和关于创造力的比较合理的科学解释。这表明紧身衣正在脱掉！如果你倾向于进入科学领域，那是时候考虑进行探索了。然而，你需要做好思想准备，因为快速变化的风暴将持续数年。

尼尔斯·玻尔曾对某人的理论说过这样的话：这个理论是疯狂的，但还没有疯狂到正确的地步！任何问题的创造性解决方案都多少要有点疯狂，这样才能引入新的含义或打开一个新的语境背景。但是，当创造性的想法疯狂到足以改变整个范式的程度，那么我们就会面临巨大的阻力，如现在提出的意识是第一位的这个理论就是这种情况。再想想，物种进化论和支持这个理论的数据证据已经存在了 150 多年，然而在美国仍然有很多人在质疑着它！同样，科学唯物主义在我们的文化中也是根深蒂固的。而这仅仅靠几个成功的故事来带动新范式发挥作用是远远不够的。

旧的牛顿物理学带给我们因果决定论和客观规律———旦我们学会了

如何去寻找和分析，那么这些主题很容易通过宏观物质的运动表现出来，但真正改变社会的是接下来的工业革命。在工业革命时期，新的基于量子物理学的范式把非定域性引入科学，也把向下因果关系的不连续性观点引入科学。这些非定域性和不连续性的观点已经极大地扩充了我们的词汇。看看现代人使用"量子跃迁"这个词，或者谈论他们的超自然经历的频率有多高就可以发现这一点。更重要的是，新科学已经为细微体在科学和技术探索中的应用搭建了舞台。这种变化的风暴将使社会最终接受新的范式。

细微技术（Subtle technology）并不完全是新提出来的。形式上的细微技术，或者内气技术已经存在千年左右，如我们所谓的"替代医学（Alternative medicine）"所包括的中医和针灸，以及印度医学的阿育吠陀和顺势疗法等等。然，时下流行的对抗医学的花费越来越高，替代医学的花费则相对低廉。另外，替代医学使用的药物是预防性的，且没有明显的副作用；与对抗医学相比，这是一个巨大的优势。替代医学对慢性病治疗效果比较好，而慢性病随着人们年龄的增长会越来越普遍。想想看，对老年人的小灾小病进行药物治疗而不用担心会有副作用是一件多么美好的事情！这对具有创造力的人来说也是一个非常好的消息：如果有任何领域需要新的研究和创造性的探索，那就是替代医学，它具有巨大的未开发的潜力。

生命能（Vital energy）测定科学最开始是利用克里安照相术（Kirlian photography），该技术是利用皮肤的电生理场来检测非定域相关的生命能。而新的测量装置是利用我们的器官发射的光子（生物光子辐射），该设备正在如火如荼地研发，这为我们提供了另一个巨大的创造舞台。不需要天才告诉，我们也已经知道生命能技术是 21 世纪新的技术前沿。

一些新技术将研究的重点放在恢复（Restoration）方面。因为近几年来我们犯了一些严重的错误，比如用转基因方法使粮食增产，在土壤中使用刺激性化肥，使大气的臭氧层变薄，并严重污染了我们的水、海洋和空气。所有这些都会影响到生命能，所以我们的生命能需要恢复。但是未来最重要的生命能技术会给我们带来惊喜，因为它体现了创造力的本质。

　　用玩笑的方式，与你们分享我对未来假想的两个场景。第一个场景：一对夫妇正在兴致勃勃地吵架。突然，妻子说："我需要休息一下。"然后妻子去了自己的卧室，喷了带有自己心脏脉轮能量的香水。当她返回客厅时，她的老伴儿突然变得很有礼貌，善解人意且充满爱意，还能从另外一面看待之前的问题。想象一下，原来心脏脉轮香水可以发挥调解作用！

　　我脑海中时常浮现的第二个场景是关于签署商业协议、和平条约或婚姻协议的场景。在签订协议时，所有参与者都理所当然地拿出自己的手持式"生物光子成像机"，并把它们放在彼此的心脏脉轮前方以测量他们释放出了多少爱。

创量造子　科学的未来

　　我预测我们的社会会越来越重视一门新科学，这门科学是以意识为第一位的，而我们所谓的"大科学"将会慢慢消失。因为大科学主要关注花费巨大的研究项目，而这对人类环境没有任何好处。举例来说，比如太空探索项目和大型粒子加速器。总的来说，这些项目纯粹浪费钱（它们只对武器研究有一定作用，这也是这些项目总能获得政治支持的原因），同时人们也很清楚，政府没有足够的经费支撑这些大项目。既然我们可以看到科学唯物主义的皇帝没有穿衣服，他的浮夸的承诺永远不会实现，那么这一点我们也能心平气和地接受。

　　当我们将替代医学整合到主流医学中，并将预防医学作为主要手段开始使用时，大制药公司将失去他们对医疗领域的牢牢把控，化学也会失去吸引力，因为它不能提供更多的创造机会。虽然物理和化学在创造中的重要性减弱，但它们在技术创新中仍然会有发挥余地，因为一直以来都很重要的工程领域均少不了这些学科。

　　生命科学将成为新范式的大赢家，然而，却不像人类基因组计划那样花费巨大。生命科学的重点将是微能量和意识研究，它们更需要具有创造力的人的参与，而不是依靠大而贵重的机器。人力资本将是新经济的一个重要部分。生物工程（Bioengineering）将与生命能取得共同进步。心理学（Psychology）将与认为意识是第一位的形而上学整合在一起。这一切说明我们可以在身体和精神健康方面进行大的创造性投资。

创量造子 与年轻科学家的对话

年轻科学家：好吧，我已经认识到创造力在新科学中具有巨大的发展潜力。但是充当科学范式换挡器和扩展器的人通常都是那种被称为天才的人物，难道不是这样吗？没有这种天赋的普通科学家就只能辛勤工作而无所获，难道不是这样吗？

作者：事实并非如此。诺贝尔物理学奖获得者保罗·狄拉克曾说过：20世纪20年代，也就是物理学的量子革命时期，即使是二流的物理学家做的都是一流的工作。我认为他的意思是说，在一个范式转变时期，会有更多的科学家可以做出创造性的贡献，因为有很多需要解决的问题摆在他们面前。当一个新的范式出现时，大的背景和意义往往还没有成形，因此，在这个时期甚至连"普通"科学家也要进行创造性工作。

年轻科学家：在各个科学领域的历史中，范式转变都是很罕见的，是不是这样？那么在一个特定的领域如果没有发生范式转变的话，我们该怎么办呢？那像我这样的年轻人是不是就不要进入这个领域了呢？

作者：在范式稳定的时代，甚至是一流的尖端科学家们也会屈尊去研究二流的问题，这些问题本来只需要机械的解决方案就能解决。那么，在范式稳定的时代，我们是不是就应该劝阻科学家们，让他们不要把科学作为自己的事业了呢？你是否正在思考这个问题呢？

年轻科学家：这正是我想问的问题。如果你鼓励人们去参与创造，而接下来没有新的范式出现，那么创造力也就失去了用武之地，这种鼓励岂不是一种可耻行为？也许年轻人应该将更多的精力集中在艺术方面，或尝试从事商业工作，而将科学留给机械的问题解决者。

作者：没必要悲观。当然，当一个范式在走下坡路时，我们更倾向于专攻一点，这样才更容易有所成就。但你通过用量子思维来解决给定的问题，仍然可以获得创造性成果，不管它看起来多么实际或平凡。而且，我们还有希望，总会有一种基于意识的新范式会出现。

年轻科学家：好像也没有太多人涌向意识研究领域。因为科学太过专业化，对于大多数科学家而言，意识研究跨了太多学科。

作者：那些依靠自己直觉的人——也就是最有创造力的人，往往会被创造力行为所吸引，即使这意味着已经超出他们的研究领域。

年轻科学家：还有，对于我们年轻人来说，还存在财政支持的尴尬问题。

作者：是的。经济的力量无处不在。大多数获得巨额资助的科学家往往觉得现实情况很重要。但小说家厄普顿·辛克莱（Upton Sinclair）说，"一个人的薪水高低由他不会的事情决定，但很多人并不明白这一点。"

然而，如果年轻人不能参与到他们的日常工作中来，那么，旧范式的拥护者们将被困在自己的研究领域中而没有发展。在 20 世纪 60 年代，许多年轻人不再从事大鼠实验工作，甚至有些人彻底离开这个领域，但他们在学术领域引发了一场态度自由化的革命。毕竟，如果具有创造力的人都不参与工作，有权势的人又能做什么呢？我认为如果有能力的人和有智慧的人觉得需要获得创造性机会，那社会应该给予回应。

年轻科学家：你说起来容易，因为你来自一个不那么重视物质需要的国家。而在我的国家，唯物主义仍然有决定权。在这个经济体中，我们接受了一份好工作，即意味着要从事空洞的、重复性的工作。

作者：我认为不能在自由创造方面妥协。如果你的工作不鼓励创造，那就要尝试去改变。那也是你的底线，至少在经济发达国家是这样。坚持、冥想，使自己对探索含义的创造性机会打开思维，机会就会到来。

年轻科学家：好的。为了证明这一点，我最终决定在一个非常棒的实验室从事意识研究方面的工作。但仍然存在要去面对庞杂的人事组织结构的问题。总会有人告诉我该做什么，不该做什么。我觉得唯物主义科学研究中存在的问题，对意识研究来说也存在。

作者：但你真的必须遵守这些规矩吗？听一听物理学家、诺贝尔奖得主伊西多·拉比（Isidor Rabi）的忠告：

在我们的教学中，关于学生实验思维方面的内容——也就是他们在研究的新颖性和开拓新领域的能力，我们是不教的。我个人的观点是你应该把这些看作是你自己的事情，你去做实验是因为你自己想知道结果。生活太艰辛、生命太短暂，不要因为别人说这件事很重要而花时间去做，你必须自己觉得这些事很重要。

如果你觉得某个问题不值得去探索，那就不要做，给它画上句号。你有没有试过在自由方面不做妥协？当你不妥协时，有意识和同步性的细微运动也会为我们提供帮助。而且为了自由而奋斗，需要我们大家的共同努力。

年轻科学家：好的。那么我们姑且说实验室主任已经同意让我进行自己的创新实验，但创造性工作需要花费大量的时间，那么我发表的论文就会越来越少。在当前科学研究以经济为导向的模式下，我在评估中肯定得不到优秀，那我就不会获得续任，会被解雇。这样对我或者其他人都没有任何好处呀？

作者：说得好。新的范式往往以我们无法预测的方式去改变事物，我相信最终我们会通过各种方式来评价什么是成功。在此之前，你还是要从事于一些传统的研究，同时也对别人有好处的研究，直到你获得终身教职。

年轻科学家：即使被评为终身教授，如果没有成果，或者如果他们的工作没有获得同行的认可，也不会得到加薪。如果新的经济模式在很长一段时间没有进展的话，那我们又该怎么办呢？

作者：你还是要去冒这个风险，因为如果这样做，你会发现这是值得的。你的生活会更幸福。创造力本身就是一种奖赏，这听起来老生常谈，因为大家也一直在反复说，但事实确实是这样。同时，我们也必须去改变社会。我们必须鼓励年轻科学家们去花时间探索亟待解决的问题。我们需要去平衡根本创造力和情境创造力，也要去平衡创造力和解决机械性问题之间的关系。因为不管是科学还是社会都不能缺少这些。

年轻科学家：我希望有权势的人能听到你说的话。

作者：他们会听到的。而且他们已经开始关注了，因为他们也不能完全脱离意识去生活，没有人可以生活在意识之外。当我们进入意识科学的新时代，将会出现前所未有的创造机会，这些机会有些属于根本创造力，有些属于情境创造力。

年轻科学家：是的，这就是意识科学。但你想过没有，当我们把主观引入科学的时候，我们又如何去改变科学呢？

作者：我很高兴你问了这个问题。对于这一点来说，科学已经被束缚——因为它一直在努力做到客观——其实科学除了超凡的创造瞬间，一直都是主观的。但即使如此，在牛顿范式（Newtonian paradigm）范围内的科学家，也一直打着客观的旗号，努力尝试着把自己从公式中解脱出来。意识科学，也就是理想主义科学对我们的要求有很大的不同。理想主义科学家必须准备好在探索过程中让意识去改变自己。毕竟，对真理的科学探索过程是需要勇气的旅程，是非常大的原型转变过程。

年轻科学家：你说的转变是什么意思？你想表明我们都将成为内在创造力的精神实践者，是吗？

作者：这对真正伟大的科学家来说似乎是不可避免的。你可以听一听作家威利斯·哈曼（Willis Harman）和基督徒德昆西（de Quincey）对此是如何说的：

　　　关键在于，科学家为了获得心灵的领悟，就要去追求直接和更深层次的洞察力，那么就需要在探索意识的过程中去完成转变，这是必不可少的。没有这些，科学家在探索现象和过程的时候是盲目的。这种"内心视觉（Inner vision）"是真正的意识科学的起点和必要条件；它是一切数据的来源，做到了这些，科学家才能把交流模型建立起来。

你明白了吗？

年轻科学家：我以前从未以这种方式思考过，但我觉得你说的是对的，它使我感到兴奋。

作者：我再强调一件事。即使你从事的工作只需要你去解决机械性问题，其实也仍然有办法把你的工作转变得更有创造力。你可以通过解决问题为世界做出贡献，为人类和环境做出贡献。为他人做贡献是需要量子自我支持的，这是最纯洁的内在的创造力，甚至该过程会使你发生转变。没有比这更好的动机了。

愛因斯坦对空间的概念，

已经超越了愛因斯坦的空间。

牛顿的定律，

并没有写在受这些定律统治的人身上去。

思想和定律，还有创造力，

它们是你的伙伴，

它们正在等待你；也会被你吸引去。

科学家可能是世俗的，

但当他们发现自然规律时，

会对天堂的吸引力作出回应，

他们想翱翔在天堂中。

解决问题是有效的，是肯定的，

难道你不想安装量子弹射器，

哪怕只是一次？

你与新的语境、意识，

以及科学新含义的相遇，

会把你弹射到天堂去。

15

复兴艺术

我曾经说过，艺术中的创作——包括诗歌、文学、音乐、戏剧、舞蹈、哲学、绘画、雕塑和建筑——都遭受过科学唯物主义的伤害或受到过影响。这些门类的实践者都自愿待在科学唯物主义的紧身衣中（现在你知道为什么缩写词 SM 很恰当了吧，恰好是 Scientific Materialism 即科学唯物主义的首字母）。所以他们没有机会发生量子跃迁进入原型领域，该领域与深层的真相有着千丝万缕的联系，也与我们所有人都相互关联。紧接着后现代存在主义哲学——存在先于本质——通过使艺术家变得忧郁且悲观，不断影响这些艺术门类。

但当科学给我们带来一种新的世界观，即以意识、活力、意义和价值为中心的世界观时，艺术将会复兴。让我们看看科学与艺术之间的一些差异，这样才能知道后面的路该如何走。

艺术中的范式转变

范式转变的根本特征是不连续性——旧范式与新范式之间存在非逻辑性、非线性的空白。旧范式的某些方面可能仍然有用，但在转变之后我们不能用旧的方式去审视旧范式，因为新语境重塑了我们对真理的认识。

从新的定律取代旧的定律这个层面上来说科学是在进步的。虽然旧定律在老的舞台上仍然有效，仍然能够发挥作用（这种思想被称为"对应原理"），但不是百分之百有用。与科学领域相比，在艺术领域，无论是绘画、音乐还是文学，旧范式和新范式都可以和平共处，都有它自己的位置。例如，毕加索开创了立体主义这一新范式，即在同一个艺术领域中从不同的角度描绘一个对象。这种新范式反映了 20 世纪文化的多元性，并长期改变了我们在现今和过去欣赏艺术的方式，但它并没有降低我们对以前艺术的欣赏水平。

直到 20 世纪，西方舞蹈只包括民间舞蹈和古典芭蕾。当玛莎·格雷厄姆（Martha Graham）在 20 世纪 20 年代末建立了一种新的范式，即现代舞时代，她打破了传统并引入一个新的语境。但是现代舞并没有影响我们对芭蕾或民间舞的欣赏。用她自己的话说："以前我们努力模仿神，我们跳的是神赋予的舞蹈。在这之后，我们努力成为自然的一部分，通过舞蹈的形式表现自然力，包括风、花、树……而现代舞并没有刻意夸大丑陋的东西或者与神的传统相对立……但还是稍微背离了印象派舞蹈的传统观赏方式。"

科学之所以能够进步的原因和牛顿所认识颇为相似："因为我可以站在巨人的肩膀上"。在艺术方面，严格地说，没有必要站在巨人的肩膀上。确实是这样，因为巨人可以教给我们技术，但这种技术如何应用于对原型主题含义的捕捉，这完全取决于艺术家。像格特鲁德·斯坦因所说的，"你能看到什么，取决于你做事情的方式。"

艺术的原创性

在连载漫画《凯文和跳跳虎》（*Calvin and Hobbes*）的一节中，凯文对霍布斯说，"美术要表达原始的真理。但谁又真正想要独创性和真理呢？"他接着抱怨说，"人们更想要的是他们自己喜欢的东西。"凯文说的这些话有道理吗？

许多科学家把科学看作事业并走上科学职业化的道路，他们用所谓的科学方法解决问题，搞乱科学期刊。即使是艺术家也能用科学的方法写一首诗，或画一幅画。如果某些人把艺术职业化，停留在唯物主义科学紧身衣的束缚中，那么他们可能会采取以下步骤，"科学地"写出一首诗来：

1. 找到一个有价值的对象（问题）。
2. 产生一些想法并进行下去，这些想法不一定是原创的。然后不加掩饰地创作一些对于初学者来说很喜欢的诗。
3. 然后按照这个思路，根据自己的不同想法创作几首诗。
4. 从中决定哪一首最好。
5. 把其他几首诗整合到最好的这首中。当然，你不需要做实验验证这首诗的价值，但你可以通过外面的公共舞台检验它的价值。如果人们喜欢它，那你就成功了。

每年成千上万的诗歌和流行音乐歌词似乎就是通过这种方式谱写的。相同的方法稍加修改就可以用在其他艺术门类中。然而要明白一点，虽然我们确实很喜欢熟悉的、舒服的和老生常谈的邂逅，但我们也决不会把电影续集、电视肥皂剧、丑角的恋情和青少年系列读物看做具有创造性的艺术作品。诗人罗伯特·格雷夫斯（Robert Graves）说过，"当创作诗歌的时候，诗人往往有不寒而栗的感觉，有的诗人会用陶醉来形容内心和感情的悸动。如果你选择用科学方法写诗，那么你永远不会有这样的感觉。"

小说家杰克·凯鲁亚克（Jack Kerouac）将写作看作对遵守传统的一场战斗，艾伦·金斯伯格（Allen Ginsberg）和"垮了的一代（Beat Generation）"中其他成员也是这样认为的，通过这样做，他们在美国诗歌界掀起了一场新的运动。金斯伯格曾在接受采访时说："我们为了使自己和朋友高兴而进行创作，而不是为了金钱或出版。"

与科学不同，艺术的目标并不是发现新的主题和新的真理，艺术家的独创性并不在于他们所表达的真理或主题的唯一性。从古至今，原创艺术都更喜欢至高无上的主题——爱、美和正义等等。这些主题如此深刻，以至于没有艺术家可以完整地把它们表达清楚，所以它们永远保持着原始状态。艺术家探索"新真理"面临的挑战是建立一座桥梁，这座桥梁连接着永恒的主题和某个时间、空间这一特定语境背景。正如作家约翰·布里格斯所说的，"尽管'真理'……对于荷马（Homer）、塞万提斯（Cervantes）、巴尔扎克（Balzac）或福克纳来说可能在相同的水平上，但显然真理又必须在不同的历史背景中不断重新塑造，所以它同时也是许多种不同的真理。"

即使是后现代艺术，其宣扬的公开主题是"解构"，但最后还是会将我们指向一切真理的先验本质。后现代悲观主义标志着工业时代最后的社会快感，因为工业社会过分强调物质进步。而艺术的根本创新——也就是新范式的发现或者旧范式的激进扩展——会比社会发展更快一步。艺术家们总是走在他们所处时代的前沿，他们期待着社会文化的进一步改变，因为这种改变尚未打破社会司空见惯的惰性。这也正是荷马、迦梨陀娑、莎士比亚、米开朗基罗、巴赫、陀思妥耶夫斯基（Dostoyevsky）、毕加索、梵高、罗宾德拉纳特·泰戈尔、玛莎·格雷厄姆和披头士（the Beatles）等人所做的。因为走在时代前沿，所以很多伟大的艺术家被他们同时代的人所忽视（梵高只是悲剧例子中的一个）。但受到创造力之歌召唤的艺术家们还是冒险前进，即使别人都不理解他们的工作。

正是这种冒险将小麦从麸皮中分离，将创造力从机械问题的解决中分开。在与作家约翰·海德·普雷斯顿（John Hyde Preston）的谈话中，他说："你写作……不要考虑结果，而应该考虑发现，也就是说，创作必须发生在你写作时，而不是发生在你构思前或塑造作品之后。"

然而，大多数从事艺术工作的人，往往喜欢干风险较小的事，即在一个定义好的范式中进行参数方面的工作。但流行艺术也可以具有创造性。只要艺术家不使用计算的方法去预制作品（像罐头诗歌、公式化的电影或解决问题的艺术），那他们仍然可以通过量子的方式去创造，但此时他们面临着一定的风险，就是不能在他们的观众和永恒的真理之间架起一座桥梁。

艺术的专业性和艺术的本质一样，往往会滋生平庸。专业人员必须靠一定数量的成功作品来保持自己的专业地位。专业人士又会通过学校、诗歌大会和出版作品的整个过程来培育更多的专业人士。这不完全是坏事，创造力可以去承受这些，就像评论家约翰·奥尔德里奇（John Aldridge）描述的当代美国文坛的情景：

> 我要讨论的问题是关于专业作家协会的，这个协会痴迷于生产作家，而已经失去了他们应该有的对目标和写作技巧的重视。这就像医学专业一样，当医生们考虑的重点在于医学专业必须维持下去，而且对医生的培训是经济收入和个人威望的重要依靠时，那么在这种情况下产生的医生，他们治疗病人的能力往往被大打折扣。

最重要的是，许多美国的专业作家已经失去了创造的基本原则：宏大的视野。可以读一下约翰·多斯·帕索斯（John Dos Passos）的《美国三部曲》（*U. S. A. Trilogy*）或诺曼·梅勒（Norman Mailer）的《美国梦》（*An American Dream*）。在这两部作品中，作者描述了现代美国文化中至高无上的价值观遭到了破坏。另外，描述了好与坏的原型之争在纽约城上演。这两个故事都有足够的远见去探索原型真理。当前美国文坛的作品并不能与这两部作品相比，但也有例外，如托尼·莫里森（Toni Morrison）和爱丽丝·沃克（Alice Walker）的作品就很好。我们从充满力量的南美作家的作品中看到了新的语境也很欣慰，如加夫列尔·加西亚·马尔克斯（Gabriel Garcia Marquez）［其作品《百年孤独》（*One Hundred Years of Solitude*）获得诺贝尔奖］和伊莎贝·阿言德（Isabel Allende）等。

如果创造的乐趣是吸引人们从事艺术工作的原因，那么我们是否知道在只需要推理的项目中乐趣会枯竭呢？这就需要艺术家转向与量子自我的邂逅——也就是像苏菲派诗人卡比尔（Kabir）所说与"内部时间的长笛"的邂逅——因为她听到了长笛的召唤。

艺术家兼诗人卡罗琳·克勒费尔德说，"大多数艺术家都像工程师一样重复干自己熟悉的工作。这种类型的艺术，不管是外观还是内涵，与意识创造出的艺术是不一样的。"

小说家 D. H. 劳伦斯用这些有力的话语提醒我们创造力的必要性："男人在自己和外界的混乱之间撑起了一把伞，然后在伞下自娱自乐，并逐渐褪去在混乱世界的晒痕。这时一位诗人出现，一个不遵守公约的家伙，在伞上弄了一个缝！诗人大叫：看哪！外面的混乱也是风景，通过这个窗口可以看到太阳。"

不需要道歉：与一个艺术家的对话

艺术家：我代表所有的艺术家感谢你将艺术的创造力与科学的创造力提升到同一水平。我又感受到了它们之间的相关性。

作者：唯物主义世界观最具毁灭性的后果之一就是艺术与人文学科不再具有相关性。但事实上，一些创作者仍然在追求艺术，很认真地从事绘画、诗歌和雕塑的创作工作，也写出了真正的文学作品，这些说明原型的力量是很强大的，他们也给了我们很多激励。

艺术家：我们会向他们学习，但做不符合主流的事情，总感觉是一种放纵！

作者：其实世界观正在转变，不要怀疑这点。在新的世界观里，所有的原型都是公认的具有价值的。不仅真理（或圣人）的原型会得到科学的追求，而且爱（或爱人）、正义、骗子和其他人也会为艺术家带来灵感。不要为这些事感到不好意思，而且我们确实需要你成为积极分子。

艺术家：你想表达什么意思？

作者：我想说完全改变范式需要一段时间，因为科学唯物主义仍然根深蒂固。直到现在，媒体和许多位高权重的人仍然在热捧科学唯物主义。

艺术家：是的，我也看到了这点。大多数自诩为自由派的政治家其实是无神论者，是科学唯物主义的坚定拥护者。另一方面，信仰基督教原教旨主义的保守派并不热衷于宣扬创造力。在这种情况下艺术家该向谁寻求帮助呢？

作者：更帮不上忙的是，媒体在报道时往往要求保持价值中立。也就是美必须与丑平衡、正确与错误平衡、好与坏平衡，而且必须在媒体上获得相同的报道时间。媒体不再以价值作为衡量标准，而是为了自己的名声。

艺术家：所以你提出了行动主义。那么我们到底要做什么呢？

作者：你应该教育你的读者。不仅你们自己要支持量子思想，而且还要宣传其重要性，甚至教会别人用这种方式思考。这些对你来说应该是很容易的。你的工作是告诉人们，具有高度创造力的人都是遵循量子方式的，你要使这一点更明确，并说服别人支持这种量子生活方式。

无论是专业的还是业余的——
二者对创造力来说都是不够的。
你必须接受责任，为了创造力。
为了目标，不要像业余者那样，
经常短期停留，放弃职业发展的自我限制；
这些往往会压制专业人士的驱动力。
相反，关注你的量子自我！
它通过你的直觉发声，每当你的自我被中止时。

在这里，现在，所有的，都一次完成，
你从来没想过你能把它写下来，是吗？

但你是一位专业人士，
永恒的原型重新绽放，以你发现的新形式，
穿上时代不断变化的背景的新衣。

像个业余爱好者，你不断前进，

从语境到语境，从意义到意义，

永远领先于你的专业自我。

16

一个人如何在企业里具有创造性？

许多企业的建立都始于创造性行为——某人的创新产品或服务新理念。人们知道创新并非是永恒的，只是新观念取代旧观念并通过创新开创新的发展趋势。科学技术的范式发生转变，社会的世界观发生变化，作为企业必须跟随这些变化，而所有这一切都需要持续的创造力。

企业组织需要结构和层次，并依赖于过去的经验，以避免发生混乱。这需要大量的培训。而创造力和环境条件是企业非常需要的两个因素，这与中医药的阴阳平衡又有所不同。理解创造力和环境条件的关系是实现平衡的关键，但这还远远不够。

企业需要新的思维范式。不久以前，美国企业和工业造成的环境污染，已为解决就业率而带来的副作用被人们所接受。企业是建立在资源是无限的这一假设基础上，当前的唯物主义经济范式也建立在此基础上。那么什么原因会促使企业寻找替代品？我以为不外乎于"全球气候变化"（环境污染的直接影响）与"石油价格飞涨"，这导致了几乎所有企业生产成本的增加。现在越来越多的企业发展方向已经转向了生态友好和可持续性（Sustainability）。接下来我们会看到唯物主义者的可持续性是不可能实现的，而企业必须把创造力扩展到人们的微世界。

创量造子 企业中的创造力和微妙

企业很明白微妙的重要性。例如，客户选择一种产品，不只是基于对其用途的客观评价，也基于他或她对产品的体验感受。事实上这就是微妙，即其在情感、预感和直觉层面的活动，会影响生产总值，而我们无法绕过它。企业必须尊重这个事实。让我们看一下汽车广告，例如，如果消费者依靠纯粹的逻辑判断来购买汽车，那么广告会将重点放在油耗、可靠性和保养成本上。恰恰相反，大多数广告更注重驾驶乐趣、动力和速度，甚至直接或间接提到汽车的性吸引力。许多从事汽车行业的企业，试图通过吸引下脉轮来推销他们的产品，因为下脉轮的能量是负责感觉的，同时负责性和自信。

但人类并不仅仅只有下脉轮，也有发自于心的更高层次的脉轮，那里生命能的运动能唤起爱、自我表达、智慧和精神联系。虽然人们一直在自我提醒，就企业而言，这是一个狗咬狗的世界，但下脉轮的企业模式已经出现了转变的迹象。当日本的生产线模式（责任制：有一个工人对产品始作到成品完成全负责）开始流行，并提出了"质量第一"的口号后，全世界的企业开始认识到工作满意度的重要性，一名员工能够看到他的手工成果才能有满足感。毕竟，企业有更高的情感需要！

在以意识为基础的世界观中，我们认为创造力就是发现或创造有价值的新含义。那么在企业里，这意味着我们可以把利润作为一个动机，但它只是一个次要角色。从低瓦数的灯泡到社会媒体，这些新产品为我们的生产力做出了直接或间接贡献，因而具有了价值。而利润仅仅是价值的副产品。

正如我们在大萧条中已经形象地看到的，当今企业的罪恶之一就是使金融机构崛起，因为金融机构的唯一产品就是对金钱的操纵。这种趋势是不可取的，因为其中不包含任何对创造力有利的因素，而且这些业务没有增加任何内在价值，因为金钱本身没有内在价值。但它代表了权力，即使以唯物主义世界观的角度来看，人们也认为进入一个以金钱操纵为基础的企业是人生价值堕落的重要表现。就像合法的赌博，是靠投机来赚钱的，这必须通过严格的监管。

从积极的角度来说，从长远来看，意识总是朝着好的方向发展。如果你的企业向社会和环境增加了一个有意义的产品或服务，那么这就是适应意识的进化运动。当这一切发生的时候，你的意向（在这种情况下是指从事一份成功的具有创造力的工作）会受到非定域性量子意识的支持。

所以一定要记着，在意识方面，你的企业有两个重要的目标：第一，你的企业必须向人们传播积极的情感和意义。当你的企业在业务方面很好地体现了这个目标时，你一定会成功。因为自由市场的无形之手和意识本身的运动，将会帮助。第二，使你自己和企业的积极的情感和意义与他人保持一致，你不能认为企业的唯一目的就是赚钱，还要有探索富足（Abundance）原型的想法。富足不仅仅是物质财富，它还包括意义和更高的情感需求。如，满足感、精神成长。用一颗封闭的心追求富足是不行的，因为封闭的心和富足两者是相悖的。

如何建立一个创造性的企业

电影《梦幻之地》（*Field of Dreams*）提出了一个令人回味的观点：当场地准备好后，自然会有人到来。对企业来说也是这样，你需要做的是笃信自己心智中的量子可能性，并具备驾驭它们的能力。苹果公司的共同创始人史蒂夫·乔布斯（Steve Jobs）和史蒂夫·沃兹尼亚克（Steve Wozniak）最开始向律师和风险投资家咨询时，仅知道要创办企业，但并不明确具体做什么。奇怪的是，他们的这种开放性思维对最终建立企业反而起了很重要的作用。同样，瑞侃公司（Raychem）的创始人保罗·库克（Paul Cook）说："当我们刚开始创办企业时，我们不知道要做什么，我们也不知道要做什么产品。"

从这个角度来看，企业中的创造力与其他领域的创造力是没有区别的：它们都是开始于问题，而不是答案。例如，建立企业一个重要的问题是，我通过这个企业能使生活更有意义吗？——能够为自己、员工和那些使用产品（或服务）的客户带来好处吗？与我们通常认为的正好相反，创造性企业往往开始于一个想法、一个直觉，甚至一个开放的新领域的种子。

企业中的放松

在 1954 年的一部电影《纵横天下》（*Executive Suite*）中，保守的"数豆者"（善于算计的人）和冒险家之间发生了一场斗争，数豆者对风险或创造力没有任何兴趣，而且非常坚持自己的想法，而冒险家极力推动创造性改变，哪怕自己破产也在所不惜。最后冒险家赢得了总经理的位置，企业也能够继续作为一个创造性实体运行下去，这也正是意识运动需要它进行的改变。对企业来说，不冒险确实不会有灾难发生，但仅靠冒险和憧憬又是远远不够的。对一个领域开始投入是好的开始，但下一步需要使自己的产品显现化，而该产品又可以改善人们的生活质量。只有这样，消费者才会来买你的产品。

商人表面上看起来一直在忙碌，也在严格控制着自己的时间，但这些刻板印象并不是创造性商人的特征。我们这个时代的一个伟大发明是针对精神焦虑提出了一种很受欢迎的解决方法——放松疗法。放松就是要学会在你独处的时候不去胡思乱想，而且不用不停地去总结过去或开创未来。而那些具有创造力的商人都很擅长这种生活方式——完全活在当下。斯坦福大学教授迈克尔·雷（Michael Ray）和罗谢尔·迈尔斯（Rochelle Myers）写了一本名为《企业创造力》（*Creativity in Business*）的书，在书中他们引用了罗伯特·马库斯（Robert Marcus）的话，罗伯特·马库斯 20

世纪 80 年代就职于阿鲁玛克斯（Alumax）公司，以具有超高的商业头脑而出名，引用如下：

> 按人均美元计算，我们是一个有效率的公司。尽管我们公司市值已经达到 20 亿美元，但我们总部只有 84 个人，人数相对来说确实不是太多。我们和美铝（Alcoa）或加拿大铝业（Alcan）做了相同的事情，但和他们相比，我们人数要少得多。我们大约只有他们规模的三分之一，但我们总部的人数却只有他们的十分之一。然而我们公司似乎运行得更好，所以我们要坚持下去……
>
> 让我来告诉你，我们是如何做到的。我们没有很多会议，我们不写很多报告，我们通常快速地做决定。你可能也知道，如果花很长时间做决定，如果有很多的会议，写很多报告，那么相应地就需要更多人。我们交流方式简洁快速，我们用口头方式进行沟通，不写信，不写报告。事实上，我们反而有更多的时间做其他很多事情……比如我们经常玩壁球……
>
> 我不会让生活中分配出的大块时间之间相互干扰。我会限制工作时间，工作几乎是朝九晚五……我每周出去玩三次（壁球）。因此，我在企业中没有觉得压力很大。

这个有创造力的商人学会了放松，对待时间，他做到了泰然处之。他学会了在经营理念中，在传统的工作方式之外认识到放松的重要性。通过无意识的过程，在工作之外，可以同时补充许多可能性。这也正是创造力的秘密所在。

作家罗谢尔·迈尔斯（Rochelle Myers）采用了一种更优美的方式来表达这一点，她建议将格言"不要只是站在那里，做些什么（Don't just stand there, do something）"修改为"不要只做些什么，站在那里（Don't just do something, stand there）"。这样这个建议就更符合量子创造力。

创量造子 企业的创造性过程：做－停－做－停－做

是否所有商人都必须遵守创造力的咒语"做－停－做－停－做"呢？再次引用罗伯特·马库斯的话，"要确定你做的是最重要的事情，而且能把它们做好。除此之外，还要给它们留有足够的时间。"这就是工作的诀窍——为一项工作留出足够的时间以做到"做－停－做－停－做"，这样才能有创造力。意识到这一点本身就是一种量子跃迁，是一个能带来惊喜和肯定的不连续性想法。一旦你意识到，工作过程中还应该包括放松，那么事实上反而会产生更好的决策，也会对无为更加重视。

大的洞察力给企业带来大的突破性产品：如内燃机如何启动的实现，或最近一种叫做谷歌（Google）的互联网搜索引擎的出现。然而对于已经建立起来的企业，往往是日常工作中的小量子跃迁使企业业务保持平稳运行。当"做－停－做－停－做"纳入企业工作模式，那么工作与放松的差距会大幅缩小，二者就会发生自然的转变。否则的话，企业家会认为放松就是偷懒，他也就解决不了工作和企业三大敌人——想法太大、太小或它们之间的矛盾，那么就会发生许多糟糕的事情。当你感觉不到你在工作时，工作就会自发产生。

这种轻松的创造性行为是川流不息的。当一个人用这种方式做生意，工作本身就会变得快乐。

创量造子 集体创造力：头脑风暴

到目前为止我们只谈到了个人的创造力，它确实是事业成功的基石。然而，在一个企业中，创造性产品的产生往往需要整个团队的协同工作。那如何将"做－停－做－停－做"应用于集体创造力（Collective creativity）中？一个传统方式是头脑风暴（Brainstorming），但我认为这个方法效率较低——至少经常讨论这一点就说明它的效率很低。

在常规的头脑风暴中，人们坐在一张桌子周围分享他们对所面临的问题的想法。这个方法的基本原则是开放性和宽容性：可以分享任何想法，而且每人都应该学会倾听，当场不对任何设想作出评价。这个想法是基于发散思维的力量将会通过头脑风暴显现出来，并使小组找到解决方案。然而从量子创造力的观点来看，意识层面上的发散思维只会在已知的基础上带来更多想法，而我们永远无法进入未知的水平。我们需要在无意识层面引发一个新含义的分歧过程，这样才可以实现新的可能性。

这种头脑风暴可以通过倾听的艺术来实现，不仅无须判断，而且还需要内心的沉默。一个人应该表达和分享来自于存在本身，而不是精神的想法。参与者必须在无意识状态下处理矛盾，他们必须保持矛盾的想法，而不是试图用连续性和理性的想法去处理所有矛盾。这是用矛盾去处理"做－停－做－停－做"。矛盾很重要，因为它扩大了无意识处理的空间，这样才能装得下新的可能性。最终，小组成员的新洞察力需要量子跃迁来完成。

改变当前的大企业实践：意识经济学

创造力往往会在小企业和初创企业中茁壮成长，而大企业往往不是这样。对于大企业，经营的目的是积聚实力和超越其他公司。现今，一些跨国公司积累的实力甚至超过了某些国家。

大企业怎么会以这种方式发展呢？经济学家亚当·史密斯（Adam Smith）的资本主义说已经发生了很多变化，它已经变成了野兽。史密斯设想在一个自由市场中，生产和消费之间要建立经济平衡，也就是价格需要稳定，资源需要正确地分配。然而，史密斯的资本主义经济遭受了周期性衰退和随后的通货膨胀——也就是企业的繁荣和萧条周期的影响。

　　当经济衰退来袭时，政府的适当干预对经济复苏是非常有必要的。通过货币政策来控制货币供应量以遏制通货膨胀。最初，政府根据经济学家约翰·梅纳德·凯恩斯（John Maynard Keynes）的观点对经济进行干预：也就是政府通过基础设施投资增加工作机会，另外往往通过借贷的方式，即通过财政赤字为企业提供重组的时间。但在20世纪80年代，由于石油危机的原因，也因为凯恩斯经济学的滥用，出现了所谓的滞胀，使商业活动减少和通货膨胀同时发生。滞胀是由于凯恩斯通过政府投入增加就业的解决方案而出现的问题，而这对于通货膨胀来说简直就是火上浇油。

　　所以经济学家又提出了一种叫做供给侧经济学（Supply-side economics）的解决方案，其试图通过增加货币供应量而不扩大需求来解决这个问题。一个例子就是为富人减税（即经常使用的财政赤字），把钱放在人们的口袋里，人们将资金投资于商业，这将创造就业机会，所以钱将"点滴"到普通百姓手里。

　　这个方案的缺点是该系统也不稳定。供给侧经济学的一个后果是富人更富而穷人更穷，产生了巨大的贫富差距，并造成政治的不稳定。由于中产阶级规模缩小了，社会创造力作为一个整体也就下降了——二者之间是动态反演关系。另外，财政赤字到什么程度而不会出现问题有一个底线。自然资源的限制和环境污染问题造成了进一步的不稳定。此外，这些模型都假设消费者和企业行为是可以预测的，而我们看到的情况是，预期和实际情况差得远，因为不稳定的情绪和从众心理会进一步影响人们的投资和消费方式。

　　在2007—2008年，这些因素和其他因素一起使美国经济产生了巨大的衰退和崩溃，使得修改亚当·史密斯的资本主义成为必然。

　　此外，跨国公司和企业实力的增长是经济政策变化的直接产物。富人不再对提供风险资本的企业和新创小企业投资，而这些企业才能培育创造力。相反，他们更看重已经具有很大规模的公司，而这些公司往往受益于税收漏洞和外包劳动。这就造成许多新的百万富翁和亿万富翁将他们的资金投入到投机生意和金融欺诈里。

我们能把创造力带进大公司和跨国企业的运作中吗？我们可以不通过供给方或需求方的财政赤字解决繁荣－萧条周期（Boom-bust cycles）的不稳定吗？答案是肯定的，18世纪，资本主义代替封建经济和贸易经济，但其根本缺点是它只关注企业的物资收支平衡。正如亚伯拉罕·马斯洛所说的，人们有一个完整的需求层次——不仅需要物质，而且还需要微妙。对微妙的需求可以创造更多的微妙产品，可以发展生命能，可以增加对含义、美、爱和真理的探索。现代社会，这些需求是由精神机构、人文机构、艺术企业和替代医学来部分满足的。精神机构以教堂为代表，人文机构以教育机构为代表，艺术企业是以艺术画廊和博物馆为代表。这些机构和企业本来并不以自由市场的机制来运作，但我们可以把它们重新设计，让它们以这种方式去运行。

经营微妙的实体也会创造产品，但这些产品的价值不能仅仅以物质利益为标准来衡量。此外，既然这里面有科学诀窍，那么，生产物质产品的企业可能也会愿意同时生产微妙产品。因此，新的经济应该更具有包容性，需要重新调整微妙和生产总值之间的不平衡关系。这种经济学已经出现了，它解决了繁荣－萧条周期的问题，同时也克服了需求方或供应方经济学的缺点。

这种经济学的基本思想是把微妙包含在人们的需求层次结构中，因此企业会鼓励具有创造天赋的人去探索微妙，来努力满足人们对它的需求。经济的目标是创造财富，是追求丰富的原型。显然，微妙领域存在丰富的原型，而它的包容是经济的福音。

量子创造 意识经济学下大企业的创造力

导演在纪录片《公司》（*Corporation*）里，显示出了现代企业心理变态行为的所有症状。转换为意识经济意味着企业在如何运行方面要做出巨大转变，转变后的企业不再以物质利润作为底线，而是明确承认：

1. 生产微妙的产品也有价值。

2. 劳动不仅可以用物质薪酬来支付，也可以用微妙来支付。例如，可以通过更多的休闲时间，或在工作时间的休息冥想，精神大师的陪伴等等来补偿。

3. 以这种方式控制劳动力成本的话，外包可以大大减少，经济发达国家可以恢复就业率。

4. 在经济微妙部门中也可以提供有意义的工作机会，企业本身也可以因此获得直接或间接的利益。如果公司从事有机产品经营，那可以对生命能经济产生直接好处，而如果雇用顾问改善员工的心理健康，则可以对生命能经济产生间接好处。

5. 外包可以打开经济强国的经营之门，而微妙经济可以恢复这些国家的经济含义，为它们打开创造新领域的大门。

6. 大企业应该在生产、研究以及其他领域的创造性活动中进一步利用具有创造力的劳动力资源。通过这种方式，公司也会变得更具有创造力。当大企业去积极生产微妙能量时——即使通过提高员工工作满意度这种间接方式——全社会的创造力也会得到提升。

　　这种发展会对发展中国家造成不利影响吗？不一定。因为发展中国家也需要转换为意识经济。只要注重这种转变，发展中国家的经济也会变得不那么依赖外包工作，因为外包相对来说更没有意义。

充满爱的创造力：企业的生态友好

　　一旦企业接受了意识经济，企业就会自动产生绿色商业政策，而且许多企业已经意识到绿色商业政策并不一定会导致企业亏损。相对于现在的唯物主义经济学，意识经济学的另一个巨大优势是我们将不再依靠消费来推动经济发展。这意味着我们对不可再生资源的消耗可以降低，环境污染也会降低，并在很大程度上降低全球气候变化。

意识经济学让我们的社会摆脱繁忙的生活方式，使我们的生活质量大幅度提高，而这对创造力的发展又非常重要。反过来，这又会减少人们对物质享乐的依赖，使人们的生活更幸福。通过这种方式，我们可以远离现在流行的不可持续的物质生活方式。另外，我们的物质需求可以通过可再生资源来提供。

可能性是无限的。在我们展望的未来宏图里，创造力就是手段。我们可以把企业变得更有创造力吗？答案是肯定的，只有这样才能实现正在进行的经济学范式的转变。

经济学与经济法，

躺在黑夜里。

（此时，封建主义盛行：富人很少，穷人很多。

几乎没有人关注含义。）

上帝说，"让亚当·斯密存在。"

于是有了光。

（这时，中产阶级出现，开始关注含义，进入启蒙时代！）

然而并没有持续多久，因为唯物主义者喊道，"这样不行！"

于是出现唯物主义经济学，它是供给方的巫术，

投机，造假，

恢复原状。

（再次，回到黑暗时代：富人很少，穷人很多；

中产阶级萎缩，没有人关注含义，创造力也衰退。）

上帝说："出现量子物理学和意识经济学，

让人们认识到动态组合。"

（终于，中产阶级再次出现，含义和创造力将重新焕发。）

17

走向创造性社会

审视当今世界，我们很难看到大量的具有创造力的事情。因为很多具有创造力的人被误导而接受科学唯物主义，所以他们只能在紧身衣的束缚中表达自己的创造力。在他们的信仰系统中，创造力、意识和它所具有的价值都很难被开发。人们的创造力受到限制，因为创造力需要量子过程，这与唯物主义格格不入。唯物主义追求狂热的生活方式，以及更加理性的头脑。社会中的另一部分具有强烈宗教信仰的人们的创造力也受到了限制，这些人受到宗教保守主义的误导，他们用落后的方式看世界，包括妇女地位问题。由于保持陈旧的信仰体系，他们也对创造力持怀疑态度。

鉴于来自这两个阵营的阻力，我们提出危机问题的创造性解决方案极其困难：这些问题包括全球气候变化、恐怖主义、经济崩溃、民主破坏、停滞不前的宗教、退化的教育和飞涨的医疗费用。如果不将分裂的方法转换为整体的世界观，我们就不能顺利地解决这些问题。

让我们看看这些极端的人所持的理念有多么愚蠢！唯物主义者不相信永恒价值的理想主义原型。这些原型当然也包括真理本身，但被保守的评价所束缚和钳制，如"进化是不存在的"或"全球并没有变暖"。这些言论激怒了自由主义者，尤其是其中的科学家。然而他们当中许多人尚不能接受量子创造力是解决这一问题的"真理"，以及超自然现象或顺势疗法这些"事实"。

新科学为分裂架起桥梁，因为它是非教条主义的和包容的，而且有数据支持它的正确性。那么为什么我们不能接受它呢？这使我想起脑海中关于教条主义的一个故事。

在意大利文艺复兴时期，费德里科·达·蒙特费尔特罗（Federico da Montefeltro）公爵在建造宫殿时，挖出了大量的土，如何处理这些土使他很头痛。这时，一个修道院院长说他已经找到了解决办法。这个办法就是为什么不挖一个坑来倾倒挖掘出来的土？公爵笑着说那么我们又得去解决从那个坑里挖出的土的问题。院长接着说，那我们可以使这个坑大到可以装下前面两个坑的土呀！

这个修道院院长在今天可能会很受欢迎——因为他可以作为证人，证明我们最棘手的问题的各种解决方案是可以接受的。挖一个洞或形成一个调查委员会似乎比找到一个创造性的解决方案更容易，因为这个解决方案可能会威胁到我们已经习惯的处理日常事务的方式。其实，我们可以通过创造性思维使社会变得不再教条主义，不再极端。实现这个目标的一种方式是将更多的创造力先注入我们的学校。

创造量子　学校中的创造力教学

使创造力成为所有公民教育的重点，通过这种方式是否能使社会养成尊重创造力的氛围？当然可以，但是同时，我们也要降低对工作、机械学习和3R的重视。我们要让孩子认识到暂时性的失败是创造力的内在组成部分，失败之后最终会成功。19世纪著名的经济学家维尔弗雷多·帕累托（Vilfredo Pareto）说："不管什么时候，让我去犯错误，只要能从错误中汲取到教训，成功的种子早晚会萌芽。那些绝对的真理还是你自己留着吧！"

一位高中英语老师就懂得这一点，所以她鼓励自己班上家庭贫困的学生去读莎士比亚的作品。有一天，她问学生在《驯悍记》（The Taming of the Shrew）里特殊通道是什么意思。经过长时间的沉默，一个平时很安静的学生试着回答了这个问题，但他的答案是错的。然而老师非常高兴，因为她想不到这个学生敢做这个尝试，于是从口袋里拿出一美元钞票作为奖励送给学生。而另一个学生抱怨老师给一个回答错误的学生以奖励，老师解释道："在你找到正确答案之前，有时候需要很多错误的答案。"从此以后她的学生全都开始读莎士比亚的作品。

学校的教育通常按照明确的、线性的和缺乏想象力的方式进行。换句话说，我们的科学文化更强调唯物主义，认为预测和控制很重要。这种教育方式的结果使想象和直觉受到限制。而经验告诉我们，我们需要抛弃控制，并且完全接受非定域性。即，在我们的学校中，工作与放松必须结合在一起。

我们决不能低估灵感的作用，而灵感天生需要放松、冥想和与自然的交流。不幸的是，更注重效率的课程几乎没有为灵感留下空间，即便有一点，也是非结构化的活动。我小的时候，在家接受教育到 11 岁，所以我有很多时间独自在后院玩耍，那里对于我来说就是天堂，到处都可以看到芒果、荔枝、菠萝蜜树、小红莓和其他繁茂的植物。那里还有一个池塘，我可以用石头打水漂，我喜欢看它们跳过水面后的涟漪。但最重要的是因为这段经历，我脑海里能够重新演绎伟大的史诗故事《摩诃婆罗多》（*Mahabharata*），而这是我灵感的秘密来源。

我们能为每一个学校的孩子创造这样的机会吗？我非常担心当下的学校教育，学校虽然为学生提供了早餐，使他们的身体不挨饿，但却无法弥补他们的精神挨饿，因为缺乏来自于量子自我的灵感。我们也必须认识到，很多孩子很早就开始玩电脑游戏，这虽然可能有助于他们集中精神，但并不能启发灵感。电脑游戏只对下脉轮有影响，而对微妙体没有任何影响。

你已经教会你的孩子什么是 3R。

如果不教的话又能怎样？

但你记得 3I——

想象（Imagination）、直觉（Intuition）和灵感（Inspiration）吗？

他们对 3R 的掌握确实培养了意志，

但如果没有 3I，他们将如何生活？

创造量子　创造力的社会性障碍

反对别人的创造性方法，或限制别人的创造性行为，只会显示我们自己的无知。我们的这种行为就像傻瓜锯断支撑他的树枝。当整个社会建立起对创造力的层层障碍后，这个社会的基础变得摇摇欲坠；整个社会也会变得奄奄一息。

换句话说，改变总会发生，不管你是否喜欢。如果我们不能把变化与宇宙的目的保持一致，它就会衰退。这就是社会熵，像坏疽一样令人厌恶。我们需要平衡熵的发展，需要定期回到社会基础并重新定义其基本面，以便能继续反映我们生活的特定语境。这种重新定义需要创造力。

美利坚合众国由美国宪法、权力法案、民主和资本主义、教育自由、个人能力和具有创造力的人，以及深刻的精神价值观所定义。这些元素已经带着这个社会经历了甘和苦。为什么？因为在危机时刻，不管是内战时期还是大萧条时期，我们一直在设法重新定义自己。所以创造力一直源源不断，为国家的恢复提供了源泉。

但我们不能想当然地认为一定会这样。在民主制度中，我们选举政治家代表我们，并希望他们的所作所为都是为了我们的利益。但 21 世纪早期的政治家都是鸵鸟，不管是民主党人还是共和党人，都喜欢在逃避时将头深深埋在沙子里。如果他们仍然被教条的世界观所束缚，站在创造力的反对面，那么要把他们挖出来是很困难的。

量子能动性

幸运的是，能产生当前危机和量子范式转变的狂风越刮越烈，只需要少量专业人士的带领，我们就可以迈过这道门槛进入下一个进化阶段——把直觉放在第一位的阶段。如果你已经读了这本书，那么你可能就是这些人中的一个，也许是全世界的百万分之一。你是否已经为我所说的量子能动性（Quantum activism）做好了准备。

简单地说，量子能动性的目标是通过量子物理学的变革性原理改变我们和我们的社会。创造力是量子活动家的一个重要的转换工具，所以在这一章中要明白：赶快加入那些利用量子创造力产生积极变化的人的行列。

在关于圣杯（Holy Grail）的神话中，当珀西瓦尔（Percival）来到圣杯城堡，看到国王受伤了，他的第一直觉是想问国王，"你怎么了？"但作为骑士的历练使他没有问出这个问题。主说，"寻求，必得"。问你要问的问题，那么创造性转变的大门将打开。珀西瓦尔最终问了他要问的问题得到了圣杯，国王的身体也恢复了健康。

受伤的圣杯城堡的国王只是一个比喻，想要表述的是自我被错误的思维方式（错误的世界观）、错误的生活态度（疯狂的生活方式）和错误的谋生手段（没有创造空间的工作）所控制。只有不断地问源自于直觉的问题，我们才有创造和转变的空间。作为量子创造力的支持者，你已经拥有了正确的思维方式和生活态度，那么你关于意识经济的想法会很容易让你实现正确的谋生手段。作为量子活动家，你要努力把这种感受带给你的同伴。因为意识的进化运动需要它。

哪里的恐惧不会建起令人费解的障碍，

哪里的思想可以自由地冒险，

哪里既没有奖励也没有处罚，

只有当真正的好奇心驱使时。

　在哪里我们可以聆听宇宙，

　　对我们诉说它的目的，

　　进入创造自由的王国，

　　　让我的世界觉醒。

　　　　——泰戈尔

Part V

Spiritual Creativity

第五部分

精神创造力

18

内在创造力：一个新范式

人们的修行通常在宗教的庇护下进行。但宗教是建立在特定的信条基础上的，所以他们并不关心现实或上帝的本质。单词"宗教（Religion）"起源于拉丁语"Religare"，其意思是"约束"。精神救赎传统上是建立在将自己从罪（分离）中拯救出来，并使自己由天堂的整体（上帝）来约束。但如今的宗教人士中又有多少是以这种方式来解释他们的精神探索呢？

不同的宗教对事物有不同的解释。大多数宗教说到灵性之路都好像有规划的路线带你实现目标。有些宗教会有宗教领袖，也就是一位开明的指导老师，如果你跟随他，他可以引导你进入乐土。但事实上，许多人发现并不能进入乐土。这又是为什么呢？用新科学引导我们，整个事情就会变得清晰。因为从原始情感的自我驱动进入到具有更高价值的非定域性整体，这之间并无道路可走，而需要量子跃迁才能实现。那么我们应该怎么做呢？除了跟随内在创造力，我们还有什么其他方法吗？

有了这种观念的转变就已经是一个很大的成就。但跃迁是有风险的，特别是量子跃迁，因为你不知道将会被带去哪里。但不用担心，因为新科学确实给我们提供了一些指导。你可以问自己如下的问题：是什么促使你去探索宗教或灵性？最有可能的原因是对生活极度痛苦的不满。即使你是一个有创造力的人，你的成就可能也不能带给你足够的满足。只有解决了满足感的缺失的问题，我们才有精力关注内在创造力和转变问题。

宗教和深奥的精神传统往往认为一个人要么就完全有灵性，要么就完全没有灵性，这使很多追求灵性的人非常挫败。要么信仰上帝，要么失去一切。而信仰上帝先要毁掉自我，也就是你的罪和痛苦的根源，然后拜倒在上帝或你的导师脚下。人类几千年来一直在追求这些目标，但看看四周，人们真的变开明了吗？

罗马不是一天建成的，我们的欲望往往也是相互矛盾的。例如，我可能想要追随上帝，并为此而努力奋斗。但我也想享受生活，和我的朋友们一起共度时光，并在我的工作中取得成功。但在宗教中，这些欲望是不相容的。因为第一个欲望要求毁灭自我，而其他欲望又需要保持自我完好。这种矛盾反而会带来更多痛苦。

现在问问自己，是什么促使你去从事创造性工作？因为无意识在召唤你！原型在召唤你！宇宙在召唤你！所以，你才能发生量子跃迁。外在的成就对你来说远远不够，但你对成就的欲望仍然存在。你可以把这种能量内化，那么对原型的创造性探索可以使自我更加成熟，这个自我与世界具有更广泛积极的联系，具有更高的情商，也更接近量子自我。

量子无意识可以推动我们走向未知的原型。在电影《偷天情缘》（*Groundhog Day*）中，一名英雄被迫在同一天通过不同的化身去追寻爱情的原型，他终于明白了爱的本质：无私。就像电影里比尔·默瑞（Bill Murray）扮演的天气预报员，当旅程开始时，我们意识不到在做什么，只有当我们慢慢成熟时，才能理解这个游戏。

让我们带着表现原型的目标开始内在创造力的航行。体验各种关系；这样才能发现无条件的爱（Unconditional love）。一定要遵循情商这一策略——平衡你积极的情绪和消极的情绪。以更高的价值水平去生活，并发现善的原型。可以从事深生态学方面的工作，这可以教会你与环境和谐共处。这些目标与我们短暂的生命相比，也许是太多了点。但这是值得多世轮回去追求的目标。

这些创造性成就的副作用只会使自我更强大，这是非常有益的，因为创造性探索需要强大的自我。但同时这又是自相矛盾的，因为要臣服于神或量子自我，就要破坏对自我的自恋。但总会有那么一天，你的成就，甚至是内在的成就，已经被你看淡了，这个时候就可以放松对自我的控制了。

灵性最终会使我们生活的语境背景发生创造性改变，使我们变得对成就漠不关心，在《奥义书》（*Upanishads*）中年轻的尼兹卡塔（Nachiketa）的故事已经明确地说明了这一点。尼兹卡塔想知道精神真理是什么，但谁能告诉他呢？除了死亡之神阎罗王之外再无他人。所以尼兹卡塔去见阎罗王，因为他的勇气和坚韧，尼兹卡塔从阎罗王那获得了启示。这个故事表明要发现精神和非定域性现实的真正本质，以及想要把我们的身份上升到条件自我，只能从死亡之神那里获得答案。

当把发现原型作为自己的目标时，你就会明白你不需要由事物的消极面来激发出自己的积极性。例如，你可以因为好奇心而充满动力，而不需要被需求驱动，这样就会减少很多烦恼。你有没有想过无条件的爱是什么？你是否有想要找出答案的好奇心呢？

从依赖自我形象的程度上来说，我们很像演员。因为我们总是希望取悦他人，所以我们戴着面具以满足他们的期望。发展内在创造力的第一阶段就是要摆脱自我形象，展现真实的自我。获得诺贝尔奖的物理学家理查德·费曼写过一本书，书名为《你管别人怎么想？》（*What Do You Care What Other People Think?*）我们可以把它作为我们的座右铭。

创量造子 表演中的内在创造力

在莎士比亚时代，表演是演员超越自我/人格的外表，达到真正的摘掉面具的自我/人物的方式。莎士比亚悲剧中的英雄往往因为戴着面具而遭受着内心的矛盾。除了摘掉面具没有其他解决办法，而摘掉面具往往被描述成一件极其冒险的事。

以哈姆雷特（Hamlet）为例。他一方面怀揣报杀父之仇的强烈愿望，一方面又追求不可杀人的精神层面上的最高境界，从而内心矛盾。结果只能是悲剧的，失去自己的人格，而在哈姆雷特的例子中只能通过死亡来解决。

在原始文化中，表演就是戴着面具的，佩戴者通过面具就可以成为他们想要塑造的神或动物。但人类学家已经注意到，面具的作用就是变身经历的催化剂。它们是内在创造力的工具，为的是寻找隐藏在面具背后的真实自我。面具使人类可以不断地变身成其他事物。男人可以变成美洲狮，美洲狮可以变成熊。艺术家们想要表达的是所有生命都是共同精神的一部分——而它们在某种程度上是相同的。

今天，演员们戴上了更隐蔽的面具；他们扮演的人物通常是普通人，而不是神或动物。但表演的精神目标仍然是相同的——去发现我们不同面具后面的自我的统一性。"从这一点上来说，"演员小路易斯·戈塞特（Louis Gossett, Jr）沉思道，"我已经不知道我是谁了。在故事结尾他（剧中人物）找到了最真实的自我，但我却不明白对我来说更深层次的东西是什么。当你开始用灵魂来展现自己的时候，你会发现更多。"

很自然地，演员们很容易陷入许多角色而不能自拔。但他们不是探索灵魂的深度，而是水平发掘，以此来扩大自己适合戴的面具的种类。从这一点来看，他们的表演已经不再是为发现创造力的统一性而努力，而是在练习自己的表演才艺。

这些面具也代表着原型，但是却徒有其表，我们不能实实在在地与它们一起共处，这些原型往往会变成我们想象的样子，而这种想法往往是不可靠的。然而，思想在这个过程中确实发挥了强大的和有益的作用。

要达到真实的自我的统一就要进行自我观察，这是必不可少的，自我观察就是要彻底地、完全诚实地、无偏见地观察你与别人的表演。当你做这些时，你对合理化、理由和其他辩护的探索会与你的内在动机、感情和思想相结合。随着认识的不断加深，你可以从更深刻和更细微的层次看透你扮演的角色，这个过程往往由深刻的启发和强烈的痛苦交替进行。当你带着对自己的同情进行这种实践时，你的同情能力和其他人相比将会更深和更广。

爱的创造性探索

在 2012 年的总统竞选中，一位保守党候选人提出了性必须只能用于生育的原则。相比之下，自由主义者更倾向于把性视为一种获得快乐的方式。意识的进化要求我们对性要有更多的认识，而不仅仅是这两种简单的看法。

由于大脑结构的原因，我们的性欲很容易被唤起，并经常受到各种各样的刺激。当我们是青少年时，对这些感觉还不熟悉，我们对性和爱的本质充满困惑。一些宗教通过提倡结婚前不同居来解决这个问题，但不幸的是，对于为什么要这样做以及如何这样做通常没有太好的解释。最初的想法可能是好的：在你找到浪漫的爱情之前保持独身，这是对于无条件的爱和原型的爱的创造性旅程的开始。但在目前有限的形式下，这种精神的训诫对于解决青少年的困惑作用很小。

如果一个青少年不了解性的创造性潜力，那么在这种情况下发生性行为，他或她会盲目地对大脑的生物指令做出反应。因为与伴侣一起享受性快乐能够增加第三脉轮的生命能，第三脉轮与自我同一性相关，个人潜能会参与这个过程。因此，很多人普遍采用将"性征服（Sexual conquests）"与浪漫爱情分开的方式。

在西方世界，这种性体验发生得比较早，尤其是在男性身上。当我们发生了性行为，而后来又发现我们的心脏脉轮能够与伴侣的发生共振，这时会怎么样呢？我们发生了关系，但往往放弃不了征服的习惯。所以浪漫消逝是迟早的事情，因为我们会习惯于各种新的体验，性作为吸引欲望会占据优势地位。我们要对此做出选择：可以寻找另一个浪漫的伙伴，或对现存的关系发展更深以探索其创造潜能。

从量子意识的角度出发，进入婚姻就可以改变性的等式，即改变自己的生活模式，把性作为动力改变为把性作为爱来对待。这会使得在性接触后能量会上升到心脏，也意味着让自己变得更脆弱。因为婚姻是一种承诺，它是为了产生爱，而不是战争。

不幸的是，要实现这一点，必须在伴侣的微妙体中也存在相应的部分。另外，个人自我调节根深蒂固。地域性和竞争力会使能量从心脏脉轮下降到肚脐脉轮，会驱使自恋（Narcissism）回归。当妻子对他们的婚姻表示不满时，丈夫会说，"我真搞不明白，你的工作是使我快乐，而我确实很快乐，那我们的婚姻有什么问题？"

凯文和跳跳虎的漫画增加了对这种自恋的写照。凯文说："我与世界和平相处。我很平静。"当跳跳虎按了他一下，他说出了真话："我在这里，所以每个人都可以做我想做的事。"从这点来看，爱是一种慷慨的行为，提供了纠缠关系中的优势地位。但这不是爱，因为爱不是为了连接，而是隔离。

当意识到自己的孤独时，我们开始询问为什么我们是孤独的，为什么我们没有感觉到爱，为什么事实上我们不能给予无私的爱。我们对一些问题变得好奇：如果我们给予无条件的爱，还会这么空虚吗？我们燃起了好奇的火焰，直到这个问题成为热门话题。这说明我们想要很认真地去探索爱的创造性过程。那么下一步就会进入无意识过程。

量子创造 爱的探索中的无意识过程

想一下双缝实验（Double – slit）的设置，电子束通过双缝屏幕打到荧光屏上。通过第一个屏幕后，每个电子的可能性波分成互相"干涉（interfere）"的两个波，结果作为斑点显示在荧光屏上。如果两个波的波峰同时到达屏上的同一个地方，就会获得相长干涉（Constructive interference），即加强的可能性（图22B）——这种情况到达的电子概率最大——在屏幕上显示亮点。波峰和波谷一起到达同一个地方就会产生相消干涉（Destructive interference）——电子落到那里的可能性为零（图22C）——在荧光屏上显示为暗区。整个模式被称为干涉模式（Interference pattern），由这些明亮和黑暗交替的区域组成（图22D）。

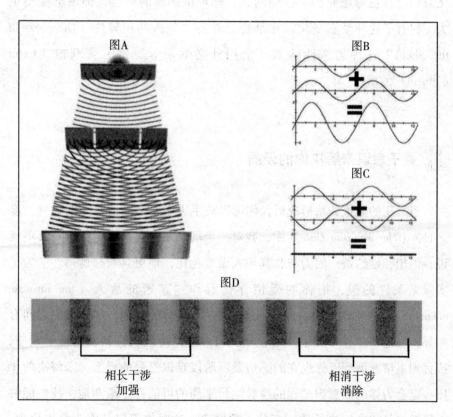

图22　（A）电子的双缝实验；（B）波到达荧光屏时相位彼此加强（相长干涉）；（C）波反相到达同一个点会彼此消除；（D）干涉模式的交替明暗条纹结果。

在关系方面，我们需要对创造力做什么呢？我们自身的条件不允许外界的刺激唤起我们全方位的反应。相反，它使选择范围缩小，我们只能以自我的视角做出反应。这就像电子通过单缝撞击荧光屏的情况。如果我们使电子通过双缝，可能性池会极大地增强。因为无意识过程总是领先于创造性洞察。在我们的无意识头脑中产生的量子可能性波越多，我们的无意识过程将会更有效。

拥有一个坚定的亲密关系，就好像对于刺激来说拥有一个双缝。也就是说，也许你的意识还没有认识到你伴侣看事情的各种语境背景，但你的无意识已经在考虑它们。这样的话，你可供选择的可能性池就会变得更大。拥有了这种动态变化，你早晚会具备"他人的相异性（Otherness of the other）"这种创造性认知［借用社会学家卡罗尔·吉利根（Carol Gilligan）的话］。

量子意识来解决你的矛盾

当真正的尊重关系形成后，你可以放手去做更多事情。在电影《大喜之日》（*The Wedding Date*）中，我对一个场景非常喜欢，男英雄对女英雄说，他想和她结婚，因为与和其他人做爱相比，他更喜欢与她搏斗。为了实践无条件的爱，把你的爱情伴侣看作"亲密的敌人（the intimate enemy）"是非常重要的。你的创造性挑战是爱你的伴侣，尽管你们之间有差异。当这些差异导致争斗时，顺其自然。保持现状直到发生量子跃迁，或直到事情发展到以你现在的感情发展阶段难以忍受的程度。未解决的矛盾一定会为你的无意识过程的经验池带来新的可能性。渐渐地，我们能够无限期地等待未解决矛盾，直到矛盾结束：这时你不仅是作为个人出现，你也作为"我们"出现。

这种等待未解决的矛盾，直到来自于更高层次的意识帮你把问题解决，这种练习非常困难，但回报是巨大的。这时，你强加在爱上的条件会消失。一旦我们可以无条件地爱，需要就会让位于选择。我们在面对性需求时就不会再那么无助。这时全世界都会成为我们充满激情的爱的对象。

在特别的月圆之夜，相传奎师那会同时与他的一万个伴侣一起跳舞。这就是奎师那无条件爱的力量，它超越了时间和空间的界限。这就是量子的爱（Quantum love）。

创量造子 超精神智力的觉醒

在转变的旅程中，我们必须探索每一个主要原型。首要目标是超越理性智力，因为它不会为我们带来幸福。对无条件爱的创造性探索可以帮助我们发展情商，通过它我们可以发展保持亲密关系的能力。

我们每个人都要创造性地发现"爱你的邻居（Love your neighbor）"这个真理。只有通过直接的量子跃迁（洞察力），你才可以体验到与你的邻居合而为一，并能毫不费力地生活在一致性这个真理中。友善对待你的邻居，你们的关系就会不断更新——你就会不再立足于机械的重复，而是慢慢学会以现在为中心和创造性的流动。这样，你就会发现生活中的伦理。

从词源学上来说，"Eco"来源于希腊语"Oikos"（意思是地方），"Logy"来自于希腊语"Logos"（意思是知识）。所以"生态（Ecology）"是指关于我们生活的地方的知识。我们不仅生活在外部环境中，同时我们也生活在自身内部。深生态（Deep ecology）是由生态学家阿伦·奈斯（Arne Naess）提出的一种概念，它要求我们对我们的总量和微妙世界承担伦理责任。

自我认同作为我们积累的原型成果，它与量子自我的关系会逐渐转变得更平衡。我将此称为超精神智力的觉醒，在梵文中称为菩提（Buddhi）。从词源学上，智力来自词根"Intelligo"，意思是"从中选择"。的确，随着超精神智力的觉醒，我们认识到需要从所有可能性中进行选择，不只是在一个有限的范围内。而且我们要对自己的选择承担责任。

超精神智力会带来自由，而自由来自于令人着迷的自我关注。当你洗澡时或漫步在树林中时，你可能会感觉到这种自由，但在做家务的时候，无聊的时候，甚至痛苦的时候，你能感受它吗？这就像是在生活中跳舞。"你会、不会、会、不会和我们一起跳舞？你真不会和我们一起跳舞吗？"这种来自路易斯·卡罗尔（Lewis Carroll）的积极邀请始终是向我们所有人开放的，当超精神的智力被唤醒，我们就会接受它。

卡尔·荣格把重点放在了内在创造力上，他说这可以引起"个性化（Individuation）"——一个人的个性牢固地建立在与宇宙相统一的基础上的阶段。

<blockquote>

（原型）旅行给你带来力量和爱，

如果你不能去，

那就在自我的通道里移动。

通道就像是光的轴，

总在改变，

当你探索它们时，

你也会改变。

——鲁米（Rumi）

</blockquote>

19

自我实现

为什么现在许多人因为焦虑症和抑郁症而服用药物？因为在现代社会，个人要从整体分离出来，这种经历往往是痛苦的。我们中有的人把痛苦藏到了地毯下，而将寻求快乐作为获得解脱的方法。而有的人则转向创造力，因为创造性智力的成就能给我们带来满足。但微妙仍然承受着以厌倦形式存在的痛苦。这是因为我们正在经历深深的不安，佛（the Buddha）称之为苦（Dukkha）。这是佛的第一圣谛的实现——生活就是苦难（Life is suffering）。现在的苦难来自于生活的二元性——自我与量子自我。

当人们对创造性成就，也就是对明白生活原型——已去过某处或经历过某事，并与之一起生活——都开始厌倦的时候，具有创造力的人好奇心就会开始变得强烈，并引发一个热门问题：我们能超越所有的二元性吗？因为"没有自我"的状态是真实的自我实现；这也就是印度教徒（Hindus）所谓的"阿南达（Ananda）"，即精神快乐。那么我们可以将身份转变为量子自我，并永远享受那种快乐吗？这引起了我们想要了解意识的本质的强烈欲望，这也点燃了新的疑问：我是谁？我真正的本质是什么？本质的根源在哪里？

有一个关于精神传统的神话已经流传了很久，就是如果要启动真正的自我实现，你必须有一个古鲁（Guru），也就是一个开明的教导者。但量子自我，也就是神圣的灵魂，是你唯一永远需要的古鲁。如果你陷入流沙，那通过自己的引导是无法脱困的，但引导自己走出自我同一性的陷阱是有可能的。这是因为虽然部分自我功能对维持生命是必要的，但自我同一性对维持生命不是必需的。

通过内在创造力，你可以使自己超越自我同一性的简单层次结构，并达到量子自我的纠缠层次结构。仅仅通过简单层次结构，像以权力为基础的导师和弟子的关系，你无法达到这个目标。但如果你遇到一位高人，他了解纠缠层次关系，并能通过这个关系和你发生关联，那就会产生完全不同的结果。在印度，这样的老师被称为赛古鲁（Sadguru）。

那么接下来的问题来了：内在创造力是如何通过不同阶段将我们推入量子自我的崇高境界的？这与一般的创造力阶段有何不同？要回答这些问题，请继续看下文的描述。

初始准备

传统上，东方国家为开启内在创造力的精神之旅，往往会做很多准备，包括学习文献，这样是为了理解古往今来的哲学家和神秘主义者提出的意识哲学相关的知识。如果你本身具有宗教血统，那么你需要研究经文，这样才能理解特定的仪式和实践形式背后的含义。

你也可以找一个古鲁（虽然不一定是人类古鲁），并交出你的自我。若要有所突破，并实现"自己最内心的自我"需要花费很多年的学习、仪式和冥想（与创造性过程很像）。在印度教中，这种联合是智慧的结晶，也是智瑜伽（Gyana yoga，梵文）的自我实现方式。但这种智慧对如何在世界中生活没有任何帮助。因为你可能会知道真理，但你仍然不知道如何生活。所以在智慧的曙光中，你应该去实践爱。如基督教（Christianity）和伊斯兰教苏菲派（Sufism）都试图颠倒这个过程，即把爱摆在智慧前面。但这行不通，因为没有智慧，很难掌握在自我实现之旅中需要的对量子意识的坚持。

今天，随着对自我实现的科学越来越清楚，我们又发现了新的智瑜伽，它是西方风格的。首先我们通过理论解决量子悖论来获得智慧，下一步我们让自己充满信心，因为理论的很多重要内容已经得到实验证实，如非定域性和向下因果关系。通过这种方式，我们已经完全相信这一新的科学，这是我们准备阶段很重要的一部分。在佛的术语中，这是形成正确的思想。

在准备的下一个阶段，我们开始研究原型。这需要很多生命周期；如果你已经从成就中获得了超脱［梵语中称为拜拉格亚（Vairagya）］，那么爱、伦理、深生态和情商很容易与你相伴，这时你就会知道你已经为自我实现的最后旅程做好了准备。那么你也就知道如何用正确的思想去生活。在佛的术语中，这称为正确的生活（Right living）。

如果正确的生活仍然不够完美，那么你要从内心去接受这一事实。否则，当已经完成自我实现之后，你仍然会对取得的成就不够满意，这会阻碍重要的显现化的实现。一些自我标榜的古鲁很享受自我带来的快乐，这反而会造成很大的混乱。因为这并不意味着他们没有自我实现，但这确实意味着他们不能承担起完全显现量子自我同一性的任务，对于量子自我同一性来说，只有善良的行为才能一直存在。

自我实现之旅的最后准备是找到正确的谋生之道，你不能通过谋生之道来获得成就，并通过成就来建立自我。

工作和培育交替：意志和放弃

自我探索的很多工作都是无意识的。在无意识过程阶段，我们要克制自己不要老去想当前面临的问题。通过自我实现的内在创造性过程，我们变得安静，对完成的工作也不再发声，而是保持沉默。我们向生活的洪流屈服，而不是试图通过这样或那样的方式去推动这条河流。

孟德加尔亚纳（Moudgalyana）带着很多问题来到佛面前，而对于这些问题，他已经问过所遇到的所有老师。但佛回应道："你想知道答案还是问题？"孟德加尔亚纳很是惊讶，不知道说什么。佛阐述道，"所有有价值的答案都必须在你内心成长，而我说什么毫不重要。所以和我在一起，保持一年的沉默（Silence）。一年之后，如果你还想问，我会回答你。"孟德加尔亚纳于是和佛一起保持沉默一年，在一年即将结束的时候，佛问他是否还有任何问题，他说没有。因为他已经明白了沉默对自我实现的重要性。

用有意识的努力补充无意识过程往往是有好处的。有些人固守他们的自我，因此他们需要大量的实践，才能够放弃自己现在的状态。而有些人很容易就能做到。有一个禅宗（Zen）故事讲到，一位修行者遇到一个皈依家庭，这个家庭很不一般，因为所有成员都唤醒了自己的佛性（Buddha nature）。他们每人都回答了修行者的问题："唤醒我们的真实本性是否困难？"父亲回答说，"非常困难。"母亲说，"这是世界上最容易的事情。"儿子说："既不困难，也不容易。"最后女儿说，"如果你认为它困难，它就是困难的。如果你认为它容易，那它就是容易的。"

相遇在自我实现内在创造力中的作用

正如我之前提到的，自我实现的内在创造力包括在自我和量子形式之间找到解决方案。存在主义哲学家马丁·布伯（Martin Buber）称之为我与你的相遇（I-thou encounter），它甚至比以获得成就为目标的创造力更强烈，因为现在你的目标是转变身份，彻底改变你的自我。而彻底改变需要激烈的强度。

一个年轻人不知道如何对一条咒语集中精神，即使只有几分钟时间。于是他的导师，正巧又是国王，命令他搬着装满的油桶围着宫殿转三圈。国王警告道："你搬着油桶转圈的时候，要小心点，不要有一滴落到地上。我会让一个拿剑的人跟着你走，如果有油流出来的话，他会砍下你的头。"

当年轻人执行国王的命令时，他发现了成功集中注意力的诀窍。

医生兼灵性导师理查德·莫斯（Richard Moss）发现很紧迫的手术也可以培养冥想的强度，这在前面已经讨论过。这种治疗方式对自我的实现有很大帮助。心理学家理查德·阿尔珀特（Richard Alpert）［也以拉姆·达斯（Ram Dass）身份而闻名］曾研究过一个有关监狱的项目，他认为死刑犯具有很高的认识水平，这给他留下了深刻的印象。工作于监狱的临终关怀人员也发现面临死亡的人的强烈程度会更高。但事实上，我们没必要一定在极端情况下去激发自己的强烈程度。克里希那穆提（Krishnamurti）的教育理念则是简单的好奇心——仅仅去观察，只是去看。

从根本上来说，我们害怕的是激烈的实践。这就像鸡和猪一起旅行的故事：它们看到一家餐厅，餐厅的招牌广告推荐火腿和鸡蛋，鸡非常饿了，于是就想在这家餐厅吃饭。但猪犹豫不决，抗议道，"你只需要贡献一点点鸡蛋。但对我来说，却要献出自己的全部。"神秘主义者希亚·邓蒂斯（Ligia Dantes）认为观察我们的恐惧很重要，要学会区分两种恐惧的不同：一种恐惧是作为一种自然的生存本能，另一种恐惧是为了满足延续的自我同一性的幻想。当你摆脱了幻想，你可以更容易地将强度引入你的实践。

"如果我放弃了自我，那我还能剩下什么？"这个问题完全来自于我们的欲望、恐惧和情感，这个问题使我们躲避诚实的自我审视，并向量子自我屈服。将你的中心转移到自我之上，是不是生活就不能进行下去了呢？你必须不断地问这个问题，还要冒着没有回报的风险，并且接受生命蜕变所需的痛苦等待。

夜晚的阵痛，

是否能迎来曙光？

在悲伤的夜晚，在死亡的打击下，

当人类突破他的致命界限，

上帝不会揭示，

因为这是他的荣耀。

——泰戈尔

创量 大的洞察力
造子

神秘主义者富兰克林·梅里尔 – 沃尔夫（Franklin Merrell-Wolff）是一名训练有素的数学家和哲学家，多年来一直在实践智慧之路。后来他遇到了两件事。第一件事是他通过阅读印度神秘主义者商羯罗（Shankara）撰写的《顶级宝石鉴别》（*Crest Jewel of Discrimination*）明白了什么是智慧。提炼这本书的精华，商羯罗的观点是这样的：阿特曼（Atman，量子自我）就是婆罗门（Brahman，意识，是存在的基础）。梅里尔 – 沃尔夫开始不知疲倦地思考这个问题。第二件事是有一天他突然意识到不需要去探索任何东西。令他感到惊讶的是，在意识到这一点后，他终于体验到了量子自我。

在与量子自我的直接相遇中会发生什么呢？梅里尔 – 沃尔夫的经历非常特别：

> 意识的第一个明显效果是在意识的基础上很多事情发生了转变……我知道自己超越了空间、时间和因果关系……与前面提到的实现密切相关的是，我感受到了完全的自由……我没有尝试去阻止思想的活动，但只是很大程度上忽视了思想的洪流……结果就是我处在一种复杂的状态，我既在"这里"又在"那里"，而且客观意识和平时相比，变得更加不敏锐。

在灵性获得启发的时候，量子自我认知（Quantum self-awareness）会获得高度关注。二级意识过程（与记忆和自我相关）会继续运行，但不会获得任何关注和重视。有些人宣称他们在经历自我实现之后会变得"开明"，但这绝对是谬论。因为老子（Lao Tzu）曾经说过："知者不言，言者不知。"所以这是成就的内在创造力和自我实现的内在创造力之间的差别。前者以自我为核心，这样做没有问题，也不会伤害他人。但对于自我实现的内在创造力来说，任何自我的参与都是对过程的一种伤害。

拉姆·达斯在获得启发后，将其发现公之于众，但几年后，他意识到这样做已经干扰了他自己的转变。在更正了这些错误后，他的灵性之花才重新开放。换句话说，谦卑（Humility）是自我实现的一个必要条件。只有做到谦卑，才能认识到超越个人的意识是在自我之上的，甚至是在量子自我之上的，超越个人的意识才是潜在的主宰。

我的旅行者，是什么让你走上自我实现的道路？

你想了解自己吗？

你有没有把成就用完？

你在生活中是否有表现了原型之处？

努力冥想，练习沉默——

直到你的努力精疲力尽，

你开始非常谦卑地屈服。

然后，与你的经验相拥，

与宇宙合一，

这时，你是否开悟？

这是不是你的新身份？

20

什么是开悟？

在内在创造力通向自我实现过程的早期阶段，我们需要远离世界，需要学会放弃。而在显化过程中，会出现一个再次进入世界的过程，但没有固定的自我同一性中心，因为这种转变已超越了自我。这个再次进入的问题就是禅宗所说的："醒来前，山是山，湖是湖。然后，山不是山，湖不是湖。醒来后，山仍是山，湖仍是湖。"

随着对更深层次的自我的认识，我们对自我的认同逐渐让位于量子自我，我们也会试着在日常生活中使这一切显现化。为了描述这种现象，东印度神秘主义者罗摩奎师那（Ramakrishna）将盐做的雕像浸入海洋作比喻：雕像溶解，咸味依然，但其分离的结构和身份不复存在。这也是自我实现的创造性行为的目标，但也存在挑战，即要对显化现实过程中的意识运动始终保持觉察。

近代东印度三位伟大的神秘主义者罗摩奎师那、拉玛那·马哈希（Ramana Maharshi）和室利·奥罗宾多在洞察到自我实现之后，花了很多年保持沉默。佛教禅宗（Chan Buddhism）第六代掌门慧能（Huineng）在开悟以后，进入公众生活以前，做了 12 年不起眼的厨师。当自我的中心转移到自我之上以后，行为越来越多地来自于量子自我，来自于初级意识。在印度的火葬场，一个侍者站在一个燃烧的柴火堆旁，用棍子查看焚烧后的尸体以确保尸身的任何部分都已经升天。当工作完成时，侍者会将棍子抛进柴堆里，因为这是它最终的归属。

有余和无余三摩地

在自我实现中，主体、客体和整个意识领域都倾向于融为一体。在瑜伽中这被称为有余三摩地（Savikalpa samadhi）；在梵语中三摩地的意思是在主体和客体两极之间的平衡。有余意思是"分离"。换句话说，在这个过程中，我们终于明白了宇宙的量子自我和这个世界依赖共生，尽管还有一定的分离感。我们从未体验过意识与可能性是不可分割的。换句话说，体验有多深，有余三摩地就可以有多深。现在可以清楚地看到，我们是在一个具有（无意识）创造力的宇宙中。

东方文化中提到的另一种三摩地称为无余三摩地（Nirvikalpa samadhi），人们很容易把它与平常心混淆。梵文无余的意思是"没有分开"——主体和客体没有分离。但我们从量子力学中知道，可能性会塌缩为现实。如果没有主体和客体的分离过程，又会发生什么呢？

要理解这种情况，可以看一下深度睡眠。在深度睡眠中没有主体和客体的分离，没有真正的体验。然而，大家都承认这是一种意识状态。所以无余三摩地可以理解为一种深度睡眠，在睡眠中发生一些特殊的无意识过程，更像一个濒临死亡的幸存者的"体验"。他可以从远处看到自己，并且在重新活过来时仍然记得这一切。因为当你真正死亡的时候，是没有体验的，所以接近死亡的幸存者重新活过来的记忆被公认为是"延迟选择"的结果，这在前面已经做过解释。同样，在无余三摩地瑜伽修行者醒来后，他的头脑中会出现知识。东印度圣人帕坦伽利（Patanjali）说"冥想的知识出现在睡眠中"时，所说的知识和无余三摩地瑜伽修行者醒来后头脑中出现的知识是一个意思。有些人把这种知识称为非经验（Inexperience）结果，而不是经验结果。

从无余醒来后会出现什么特别的幻象吗？神秘主义圣人斯瓦米·希瓦难陀（Swami Sivananda）是这样描述的：

　　有两种无余三摩地。在第一种无余三摩地中，智慧瑜伽士（jnani，也就是聪明人）通过在婆罗门（Brahman，神性的梵语词）休息，看到了全世界，也看到自己是世界中的一种思想运动，是一种存在模式，或者说是一种他自己的存在模式……这是实现的最高境界……

　　在第二种类型的无余三摩地中，世界从视野中消失，智慧瑜伽士在纯粹的无属性婆罗门休息。

　　显然，第一种无余三摩地是无意识过程的极限状态，在这个过程中我们可以处理整个世界的量子可能性，包括原型。希瓦难陀所说的第二种无余状态叫做图利亚（Turiya）。图利亚是更深层次的非经验或无经验状态。因为有任何形式的意识比无意识地处理整个宇宙的量子可能性会更深入吗？在无意识之前出现什么？会出现具有一切可能性的意识，这种意识没有任何强加的限制，甚至没有量子定律的限制。因为这种意识包括了所有的可能性，没有质量，无需处理任何事情。因此佛教徒将这种意识状态称为太虚（Great Void），而印度教徒称之为涅昆拿（Nirguna）或无属性，基督徒称之为神性。

　　印度灵性文学声称，具有无余能力的人是经过完全转化的，除了每天的家务和自我功能需要自己来做，他们的身份已经完全转移到量子自我。所以，对于开悟来说，自我实现不是旅程的终点。你必须在日常生活中显现化量子自我，因为自我身份仍然会残留一部分。

　　对于已经实现了图利亚的人来说，会有截然不同的情况。对于他们来说，已经没有什么"事物"需要显现化了。这也就是涅槃，用佛教语言来表述，就是没有欲望的状态。当达到这个状态后，就没有更多的事需要去做，也不需要重生。因此，如果解放就是从诞生—死亡—重生轮回中获得自由，那么解放会伴随着涅槃而来。但如果你有着更高的理想，即解放意味着完全的自由，那么还是改变你的想法吧。因为只要生活在这个肉体里，我们就不能从自我环境中获得完全的自由，我们也不能一直停留在量子自我中。因此你要问我禅宗大师如何上厕所呢？我会告诉你，他和其他人一样。

所以在秘传印度教里有这样一种观念：身体里的解放是有一定的局限性的。只有死亡，我们才能找到完全的自由。

> 佛之旅的终点是涅槃——所有欲望的终结。
> 只有当你结构的同一性让位于深刻的流动性，
> 才会获得无尽的成功。
> 如果你喜欢的话，把它称为开悟吧！

> 开悟之花没有名字，只有香味。

Part VI

Bringing Creativity to the Center of Your Life

第六部分

让创造力成为你生活的中心

21

练习、练习、再练习

有一个熟悉的奇闻轶事，在曼哈顿市中心的一个繁忙的街道上一位行人问另一个行人，"我怎么才能到达卡内基音乐厅（Carnegie Hall）？"他问的那人恰好是一位音乐家，音乐家并未直接回复这个著名的音乐表演场地的方位，而是说，"练习、练习、再练习。"

寻找创造性的方法也是如此。当小说家娜塔莉·戈德堡（Natalie Goldberg）文思枯竭时，禅师告诉她，"做写作练习"。

内在和外在创造力都与自由相关。参与内在创造力的方式是通过清理你的内心世界获得更大的自由，外在创造力应该成为你内心的表达自由的外部世界。卡尔·罗杰斯曾说创造力需要保持开放的思维，但你能通过练习来保持思想开放吗？

这里的问题类似于角色扮演的自我矛盾。没有强大的自我，就不能用创造力来管理任何不确定性的努力。创新还需要承担不断改变自我性格的风险，你会变得担心，改变了自我，就一定能让自己变得有创意吗？

直到现在，仅有少数例外，如威廉·布莱克（William Blake）、沃尔特·惠特曼、泰戈尔、卡尔·荣格——内在的创造力已主要用于实现从现实世界中解放思想，但这并不是对现实世界的否定。正如我们之前讨论的那样，如果世界是在精神上的不断进化，那为什么不能成为适应精神意识的运动呢？

这里介绍7种练习可以帮助你突破自我的模式，让更多的量子意识参与到你的生活中。你可以把这些实践作为净化你的创造性的方法。你也可以认为它们是唤醒你超智能的载体——创建一个更完善的存在方式和身份，并从中实现你的潜力。这些练习包括：

1. 意向－建立（Intention-setting）；
2. 放缓——允许开放性、觉悟性和敏感性；
3. 专注或聚焦；
4. 做－停－做－停－做——行动和放松培育相交替；
5. 想象和梦想；
6. 用荣格的原型并创造具有积极情绪的脑循环；
7. 记住你的法。

意向设定的练习

事实上，虽然我们在自我束缚下并不那么舒服，但我们的心是舒服的，而意向设定是我们的出路。记住，我们可以设定我们的自我意向，但实际上发生的事情则完全取决于我们利用量子学意识的协调程度。下面的练习则来自于上述相应的设置。

第一阶段，舒服地坐下，舒缓地运动以消除身体的紧张。感受你身体的每个部位甚至包括脚趾，通过感觉它们的呼吸使自己放松。同样地放松脚部再到脚踝，移动你的腿部、躯干、胳膊、脖子和头部。重复这个过程让自己身体的每个部分都得到放松。现在你已经处于放松状态，并记住一个意向必须从自我开始，所以用你的意志来体现它。

第二阶段，你可以在以下两方面做准备：你可以为自己独自享受，或者以同样的方式让每个人（包括你）都享受你意向的果实。如果选择后者，则需要不断扩大你的意向，包括你附近的每一个人，然后让你的意向向外延伸，如同池塘中的一个涟漪不断蔓延，扩张到你所在的城镇或城市、国家、星球，直到整个宇宙。

第三阶段，让你的意向逐渐变成祈祷：如果我的意向与整体的运动共鸣，那就让它实现。

第四阶段，让虔诚的心灵变得沉默，并在安静的冥想中停留几分钟。

每当你想用你的创造力来支持你的意向时，你就用这个方法练习。

创量造子 放慢速度的练习：打开思维、意识和敏感度

在所有的创造力下面都有一个悖论。即，在我们知道很多的状态下，又要保持一种知道很少的心态。一位教授向一位禅师学习禅宗（Zen），禅师准备了茶来招待教授。禅师开始沏茶的时候，教授开始炫耀他的博学，并阐述他所知的禅宗知识。当茶泡好，禅师往教授的杯子里倒茶，即使水已满杯，流到桌子上甚至地板上，禅师还在继续。教授大叫："停！我的茶杯已满了！"禅师说："这如同你的思想，它已经被你自己的想法充满，我又如何能教你呢？"

创造性思维是不确定的、不固定的。创造性思维需要人们保留一定的天真，并随时准备着提出问题。正是因为没人告诉那个不怎么聪明的男孩——阿尔伯特·爱因斯坦，一个有抱负的物理学研究人员是不应该问一些幼稚而又基本的物理学问题的。这反而导致了这个不怎么聪明的男孩用他的"初心"去了解关于光、空间和时间的问题，并最终发现了相对论。

但对于一个受过系统教育，且学会了很多其他人的观点的成年人来说，这种情况是比较复杂的。他自身拥有一个很大的知识库，还要保持一个新的开放思维并汲取大量的知识。怎样才能兼得掌握和初学者的心态？

在印度，佛教徒（Buddhists）和耆那教徒（Jains）有时争论知道的一切意味着什么，什么是无所不知。耆那教徒讲述了一个关于有两位艺术家争夺国王的青睐的故事。一位艺术家将艺术画廊中的一面墙上都画满画，国王很高兴并问另外一位艺术家："你的画能打败他的吗？"另一位艺术家

回答："我不能超越，但我能画出同样的画来。"说着他拉开另外一面墙的布帘，国王看到这幅画后惊呆了。事实上，这和之前的那幅画完全一样，各处细节没有丝毫差异。为什么会这样呢？第二面墙其实是个镜子。所以，如耆那教徒所说，像照镜子一样很好地反映所有的知识，即为无所不知。

但佛教徒并不这么认为，他们觉得当你不需要某些知识的时候，就没必要做到无所不知，你只需知道你需要知道的即可。在这种思维方式中，具有创造性的人不仅仅停留在获得的信息上，而是掌握如何开发知识。一旦掌握以后，我们把它保存为即时记忆，且必须练习如何检索它，并在这个过程中逐渐认同它。通过这种方式，我们开发了耆那教的快速思维，即他们总是在思考中。如果我们通过这种方式放弃思维速度，这与我们本身的知识库不能匹配，那我们将如何练习放缓思维？

在一些传统宗教中，如禅宗，令人疑惑的是他们将放缓思想称为空无心智（Empty mind）。但是心智空间真的能完全空吗？当然不能。记忆总会产生思想，如当一个头脑迟钝的人不认同这些想法，也未拥有这些思想时，在这个意义上它是空的。

培养初心或者空无心智的冥想练习，称为意识的冥想。当想法出现在你的意识中时，你会看到它们在游行，就像云朵飘浮在宁静的空中一样，没有附着或是干扰。如果发现自己过多地关注一个特定的思想时，则需要让你的意识冷静下来，并做一个公正的判断。每天练习这种无选择的意识15—20分钟，不要过多，至少在开始阶段的时候。

由于意识并非孤立的，且总是伴随着物质躯体和细微身体之间的结合，它有助于减缓身体器官和相关组织的能量场。练习慢版的哈他瑜伽或拉伸技术对物质躯体有帮助，而呼吸练习调息则对细微身体有帮助。另外还有如太极拳和合气道等武术能减缓生命运动。

练习专注力

　　意识冥想很好地教导我们如何去做，但对于创造性观察来说仅是所需的一半。我们能够把缓慢思维和快速思维结合到一起达到做 - 成为 - 做 - 成为 - 做吗？不，它比这个更为精妙。极度活跃的快速思维是不能做到高度专注，而相比之下的创造性思维是一个需要专注的思想。两届诺贝尔奖获得者玛丽·居里拥有绝对的专注力。有次在她工作的时候，她的兄弟姐妹用桌子和椅子将她围了起来，她并没有注意到发生了什么事情，直到她起身时才发现家具都在她周围，顿时觉得很尴尬。

　　一位印度物理学家梅格纳德·萨哈（Meghnad Saha）的故事和居里夫人很相似，他边走边考虑一个关于天体物理学的问题，这时他遇到一个男孩并和他愉快地交谈。回家后，他告诉妻子这个令人愉快的互动，然而他的妻子耐心地提醒他，那个男孩就是他自己的儿子。还有一个故事，一天早上，阿尔伯特·爱因斯坦对妻子说："亲爱的，我有一个绝妙的主意。"然后他消失了几个星期去做他的研究。艾萨克·牛顿爵士的姐姐曾抱怨说牛顿常常因忙于研究而忘记吃饭。

　　具有创造性的人常常有类似的故事。他们是从哪里获得这种高度专注力？更重要的是，你和我能否培养这种能力？最后，为什么专注力对创造性如此重要？

　　认知研究证实，我们人类在意识层面有一系列的处理器。我们的大脑运转的速度非常快，但我们的意识在某一时间内只能管理一个独立的思考。这不仅意味着你在某一时刻的想法是超越所有其他的想法，而且有意识地重复的某个想法也具有相同的效果。如何始终保持你的想法都位于时代的前沿，这是一个亟待解决的问题。此外，富有创造性的人通常有一个优势就是同时具有很强的好奇心。然而，当遇到危机时刻，我们都进入生存模式，生存胜过一切，我们都可以很容易地找到最需解决的问题。

一种叫做集中冥想的技术提供了一些类似于具有创造性的人的紧迫问题。它以梵文名字"渣巴"（Japa）出名，是集中冥想的印度语版本。当其他思想干扰时——特别是在开始时会这样——你就会变得更加意识到它们，并坚定地把你的注意力带回到你的梵文单词上。集中冥想用于帮助创造力的提升，最好是每天进行短时间的常规练习（15 或 20 分钟），加上努力，就会将练习根据情况带到生活中。

要想具有创造力，你必须区分欲望和意志。它们有关系，但欲望把我们放在一台跑步机上，而不会去任何地方，而为创造力服务的意志有宇宙的全力支持。当你想减肥，又想吃甜食的时候，就是在与欲望苦苦挣扎；矛盾总是伴随着欲望。相反，当你真正地去做某事，欲望可以给人以意志，且具有对环境条件说不的力量。这是集中冥想可以提供帮助的地方。看文森特·梵高——是意志引导他创作了炎炎夏日下法国南部的《向日葵》（Sunflower）；没有纯粹的欲望不可能做到这样。

集中冥想和咒语主要听觉方面的注意力练习，这对帮助一些人集中注意力很有效果，但也有一些人喜欢通过视觉方面来练习集中注意力。如果你属于后者，试着观察任何使你感兴趣的东西：一朵花、一张爱人的脸，或像曼陀罗（Mandala）一样的原型符号。最初的形象会是模糊或零碎的，但通过练习实践，它将稳定到一定程度，你可以随意唤起它，甚至可以操纵它。

有一个浓度，神经科学家通过对具有创造力的人的研究，揭示了大脑方面存在的集中精力。通常大脑的右颞顶交界区（r－TPJ）总是接受阅读的刺激，试图对哪些是相关的，哪些不是相关的进行分类。我们可以通过学习如何阻断大脑的这个区域的方法，关闭所有使人烦心的事使其能够完全集中精力。约翰·霍普金斯大学（Johns Hopkins）的研究人员查尔斯·利姆（Charles Limb）说，爵士音乐家的即兴创作就是关键的右颞顶交界区的阻断。研究人员很可能在对集中冥想的研究中找到相同的作用。

集中精力能使你进入这种专注状态，此时对象不再是独立于意识的。作为大师级钢琴演奏家洛林·霍兰德（Lorin Hollander）说到关于自己童年时期的钢琴练习，"当我演奏了一个音符，我就会成为那个音符。"这是量子形态的自发状态。创造性的想法、见解、理解与视觉都已经结晶。小说家古斯塔夫·福楼拜（Gustave Flaubert）说，"当我在小说《包法利夫人》（*Madame Bovary*）中写艾玛·包法利（Emma Bovary）中毒时，我的嘴里砷的味道是那么强烈，我是那么彻底地使自己中毒了，我自己发生了两次消化不良，且是连续的，非常真实，因为我将所食晚餐全都吐了出来。"

创量 做－停－做－停－做的练习
造子

有很多在意识状态下完成终极集中冥想的案例称为三摩地，而亚伯拉罕·马斯洛将其称为巅峰体验。这是一种一个人通过他的真实本质认识世界的状态——既不是外在的对象，也不是个人与意识分离的自我。许多年前我练习了七天集中冥想，就产生了这样的经历。从表面上看，集中冥想只专注于咒语。但圣人说，经过一段时间集中冥想会完成内化。这是什么意思？当你有意识地去关注你的日常事务时，它会持续无意识地发挥作用。这就是做－停－做－停－做！

我通过以下方式描述我的经历：

在一个阳光明媚的十一月的早晨，我静静地坐在我办公室的椅子上做集中冥想。这是我开始冥想后的第七天，我仍然剩余大量的能量。大约集中冥想一个小时后，我想出去走一走。当走出我的办公室时，我继续不慌不忙地念着我的咒语，然后走出大楼，穿过街道，到了草地。最后宇宙向我打开。

我似乎与宇宙、草、树、天空，融为一体。感觉是存在的，事实上，激烈程度超越了信念。但这些感觉在意义上是苍白的，相比随后感受到的爱，这种爱淹没了在我的意识中的一切，直到我失去了对这个过程的理解。这就是阿南达，是极乐（Bliss）。

有一个或两个时刻，我无法形容，没有思想甚至感觉。后来，只有极乐。当我走回我的办公室时，它仍然是极乐。当我跟我们坏脾气的秘书交谈时，感觉是极乐，她是美丽的，我爱她。当我给我的大一大班级的学生上课时，是极乐的。在后排的噪音，甚至坐在后排的孩子扔纸飞机都是极乐。

所有一切都是极乐。

哲学家埃里希·弗洛姆（Erich Fromm）说，一个人要想具有创造力，"必须学会控制自己，不仅要关注事情本身，还要体验创造的过程。然而矛盾的是，如果他能控制自己去经历这个过程，那他同时也会失去自我。因为如果他超越了自己的个人界限，并在那一刻感觉到'我是我'时，他同时也会感觉到'我是你'，以及'我与全世界是一个整体'"。

弗洛姆所指的过程当然就是做－停－做－停－做，将工作与放松的焦点交替会导致三摩地。我的集中冥想练习确实是通过意志行为开始的，但我注意到，一段时间以后，当我开展日常活动时，集中冥想必须在无意识状态下进行，因为每当我寻找它时就会找到它。

人们经常问我是否经常进行练习，答案是肯定的。这是我在做日常工作时，试着去发觉的练习。它不像意识冥想，但我也偶尔检查我心脏脉轮的能量，想象它通过金线连接到所有其他人的心脏脉轮的情景。我的想法是以一颗开放的心从事我所做的一切。

基督教修行者在练习时会在他们心中持有耶稣的形象。劳伦斯弟兄（Brother Lawrence）终生都在"实践与神同在"。在大圆满（Dzogchen）中，藏族冥想者实践"存在"。我想你可以将我所做的称为"实践爱的存在"。

创量造子 对想象与做梦的练习

当我们感知到世界外部的一些东西，外部的刺激让我们大脑产生图像，我们找到一个相关的精神状态，从而赋予它意义。当我们使用自己的想象力，从精神状态开始，在大脑的存储库中找到匹配的语言或视觉表现，即使没有外部对象，我们也能看到视觉图像。每隔一段时间我们就陷入初级认识的直觉状态，释放我们以前从来没有考虑过的意象或思想。现在，利用大脑的神经可塑性，我们可以制作新的精神状态图。就像一位专家曾经说过的，"天才就是把想象中的对象当成真实存在，甚至操纵它们。"

现在你应该能够明白柯勒律治（Coleridge）区分幻想（Fancy）和想象（Imagination）的精髓了。幻想只是理智的不重要的表达，是自我嬉戏时的涂鸦；想象是"由所有共享的精神的基本部分"的泉涌。在我们的自我模式中，我们从过去的经验中获得已知的图像。但当我们逃避自我时，就像我们在睡梦状态那样，我们可以更容易地陷入量子自我的初级认识中。然后，我们可以探索真正的创造性想象，并使未知显现化。

我们做梦时警惕性会自我放松，并允许我们进入未知的世界，而在有意识状态下这是很少被允许的。在梦境中，无意识成为主要的玩家。本书的一个主要思想，即阐述做－停－做－停－做在创造力中的重要性，而这也是经常在我梦境中出现的现象。我正在观察一组非常活跃的抽象图像，它们在跳舞、打闹和嬉戏，一个背景声音介绍它们是工作的天使，但很快这些图像被替换为其他更安静、更放松的抽象图像。声音提示它们是放松的天使，但后来工作的天使回来了，又被放松的天使们所代替，这两组继续交替。当我醒来时，我的思想唱道："做－停－做－停－做"。

我们可以操纵梦想吗？卡尔·荣格认为是可以的。事实上，很多时候人们在睡梦中会模糊知道自己处于梦境状态。在东方传统文化中，梦中的认识实践称为梦瑜伽（Dream yoga），它结合了做梦状态的创造性潜力，具有扩散的自我边界和有意识的想象。"这是一种幻象还是一个醒着的梦？音乐声已经远逝：我是醒着的还是睡着的？"约翰·济慈（John Keats）在他的《夜莺颂》（Ode to a Nightingale）中写道。

在神志清醒的梦（Lucid dreaming）中，你清楚地知道自己在做梦，这和梦瑜伽中的练习是一样的状态。德里希·奥古斯特·凯库勒的"蛇梦"故事导致苯分子结构的发现就是一个神志清醒的梦的典型例子。在凯库勒经历过这件事后，他对创造性的梦充满极大的热情。"让我们学着去做梦吧。"他写道。

科学研究表明，我们参与自己的梦到什么程度取决于我们的自我发展。特别是一些研究人员认为神志清醒的梦可能预示着一个通往更高自觉意识状态的开始。神经生理学家约翰·莉莉（John Lilly）在睡觉前曾经建议"发展生物计算机"。我对这个想法的引申是利用意向的力量，要求你的量子意识塌缩成与你的要求相关的梦的形式。

在警觉和睡眠之间的某个地方，脑电波从更常见的和更高频率的 β 和 α 波变化到较低频率的 θ 波。有一些证据表明当大脑产生 θ 波时，创造力会增强。埃尔默·格林（Elmer Green）医生曾做过这样的实验，论证在 θ 波占主导地位的状态下，创造力得到激发的概率会大大增加。据报道，托马斯·爱迪生当时正坐在一把舒服的椅子里打盹，手里握着金属球，金属球下面的地板上放着两个金属盘。当爱迪生睡着了时，金属球落入金属盘中，这样就创造了一个可以唤醒他的闹钟，他可以在半睡半醒之间的半恍惚状态记录下他的见解。

药物，尤其是迷幻药能提高创造力吗？迷幻药物会导致我们的状态发生改变，会使自我边界发生巨大扩展。从这个意义上讲，这与做梦的状态是相似的。事实上，利用药物进入这种状态来提高创造力的做法存在一定困难，因为创造力同时需要天和地、自我、非定域性量子形态。然而，随着药物引起的状态的改变，我们的自我功能也会遭到损坏。虽然做梦是否会成瘾还没有确切的定论，但使用药物会成瘾。另外，药物引发的自我状态与在量子形态中获得的自由态是不同的，其潜在的负面作用也是不可低估的。

将荣格原型用于工作

卡尔·荣格强调工作中集体无意识的原型的重要性，似乎无意识驱动创造力表达它们自己的方式特别重要。荣格的内心（Anima）是在男性身体里的女性原型，它对应着"女性"的思想和感觉体验。荣格的基本态度（Animus）是在女性身体里的男性原型。感谢我们的环境条件，男人倾向于压抑内心，而女性也一样会压抑她们的基本态度。通过无意识过程每一个性别都可以获得那些被压抑的重要思想品质。

但我们为什么想要体验另一个性别的生命能和思维模式呢？一位印度的女性神秘主义者米拉·白（Meera Bai），去印度的一个精神圣地，奎师那的出生地卜里达班（Brindaban）寻找一个古鲁。但一位德高望重的古鲁拒绝了她，因为"她是一个女人"。她回答说，"我想，在卜里达班的每个人都是女人，那唯一的男人是奎师那。"古鲁对这个回答印象很深刻，这意味着我们必须将所有的意识与感受融合，这是女性经验的核心品质。他最后接受她为弟子。

耶稣在《多马福音》（*Gospel According to Thomas*）中说："当男性不想再做男性，女性不想再做女性的时候，你就会进入天堂之国。"

另一个重要的荣格原型是英雄。从某种意义上讲，每一个创造性行为都是英雄之旅的高潮。英雄始于某个追求，接着奋斗和忍耐，具有洞察力，最后获得成功和奖赏。在《伊利亚特》（*Iliad*）中，宙斯（Zeus）用金线把所有人都拉到自己身边，同样地，英雄的原型吸引了我们所有人。

要成为英雄，在直觉或洞察力发挥作用的时刻，你必须避免自我和放弃。在你的变形之旅中对原型投标，我们在英雄身上形象地看到英雄是被神（或原型）操纵的，人物好像是木偶一样。

电影《意外的旅客》（*The Accidental Tourist*）很好地描述了一个现代英雄的旅程。梅肯·利瑞（Macon Leary）与他的内心失去了联系。他避开任何可能是痛苦的、身体的或感情的事情，因此他完全失去了创造力。为了返回英雄的旅程，梅肯必须重新开始。这项工作自然就落在一位女性身上：穆里尔·普里切特（Muriel Pritchett）带来了能够消除消极情绪的东印度女神卡莉（Kali）的能量。[卡莉是孟加拉的女神，在加尔各答受到崇拜。当纳尔逊·曼德拉被问及关于加尔各答他喜欢什么，他回答说，"这是唯一崇拜站在白色男神（湿婆）身上的黑色女神（卡莉）的城市。"]

梅肯开始谨慎地回到生活，但还是不愿意面对痛苦，当妻子向他示好时，他又回到妻子身边，尽管婚姻已经出现问题。最后梅肯东奔西跑寻找出租车，直到他抛下无论是身体上的还是象征性的行李。在去机场途中他遇到了穆里尔，她已经跟随他去过巴黎，他沮丧的脸上终于露出了温暖的微笑。梅肯已经突破了他的内心，他重新发现了爱。

所有伟大的创造者都是英雄，他们在创造的舞台上发挥作用。

创量造子 记住你的法

我们大多数人都会受到生活的牵制，在家庭和社会压力下，我们应该如何消耗生命能量，往往自己的想法会让位于别人的想法。最终，我们中的许多人完全忘记了我们这轮化身想要实现和学习什么。迟早我们会变得不开心，问自己，我们生活的意义是什么？当这一切发生在我们四五十岁的时候，这是众所周知的"中年危机"。

苏菲神秘主义者哈菲兹（Hafiz）写道："自从幸福听到你的名字，它就一直试图穿过街道找到你。"如果想要唤起你的法，我建议可以进行一个简单的练习，诀窍就是要意识到你这轮转世的任务是什么，要学会些什么。一旦认识到这些，你就会非常清楚你的法是什么。但你这轮转世的任务隐藏在童年的记忆里，是不能通过有意识的回忆想起来的。

阶段 1：非常舒服地躺在地板上的垫子上。做身体认知练习：深呼吸几次，然后首先感受你的头部，接着是躯干和四肢，最后是你的全身。然后回忆你最近的记忆中经历的具有强烈感受和有意义的话。想象你记忆中的生动角色。激活你的脉轮，让你感受到的能量与你记忆中的能量保持一致。想象周围环境，尽你的最大可能想象尽可能多的细节。保留一点点回忆，然后慢慢放松。

这种练习可以帮助我们感受到真正的记忆唤起时的感觉。

　　阶段2：开始意向练习。让量子意识唤起童年时期的回忆会显示你的法。对自己承诺一旦你发现自己的法，你会跟随它，无论它带你去哪里。坚持你的这个意向是为了更大的利益，这是与意识的进化运动相一致的。逐渐让意向成为一种祈祷，保持一分钟左右的安静。

现在选择一段你希望从你的记忆中找回的童年时光（三至八岁之间的任何时间）。选择你试图回忆起的事件最有可能的背景。还有其他人在场吗？如果是这样，让他们出现在你的想象中。现在等待你的记忆，像渔夫耐心等待他的饵钩。像渔夫一样，如果鱼咬钩了，如果一点点记忆浮出水面，哄着其他的记忆进入视线。

整个练习大约需要半小时。如果你在为期两周左右的时间内坚持这样做，你会获得一些结果。一旦你知道了你的法，如果它不是你正在走的路，我鼓励你做出转变，这也是你的中年危机要求你做的。选择你的法的道路，你的心灵之路，同步性将支持你的选择。停留在你的法里，用量子方式思考，会更有创造力：幸福会找到你。

> 啊，思维，你展开得好慢啊。
> 你耕种了一小块田地，
> 用你的自我保护它。
> 你从未看过地平线以外的风景？

你的意识能到达的地方，
你的田地也可以到达，
其他的良田，没有你的耕作，
仍然贫瘠，无意识。

啊，思维，请打开你的篱笆，扩大耕作，
直到，无限肥沃，
这时你的田地会有丰富的创造力。

22

当简遇到奎师那：创造性的相遇

著名的《薄伽梵歌》(*Bhagavad Gita*) 写的是作为人的阿朱那 (Arjuna) 和作为"神的化身"的奎师那之间的对话。这是关于自我与量子自我创造性相遇的生动描写——所有创造性行为的核心就是相遇。以下对话郑重地（其实是开玩笑地）借用《薄伽梵歌》的内容讲述一个美国女人在创造之路上遇到奎师那的故事。

简（困惑地并非常失望地）：我想问这本书的作者一些问题。但你不是作者！

奎师那：我是奎师那。作者很忙，并请求我作为他的使者为你提供解答。

简：哦，好吧。但我要提醒你，我是带着抱怨来到这的。这本书的内容提示我如何才能拥有创造力，所以我才选择并阅读它。但作者提到的大多数研究人员都说具有创造力的人士都是凭借很多因素才获得成功的，如天赋、创造力的培养和遗传因素等特质。而我们其他人没有这些优势，如果这样的话我又能怎样呢？

奎师那：也许你对研究结果的理解太望文生义了，更不用说太悲观了。你只看到了事情的一半。如果我告诉你，你渴望的这些特质大部分都不是原因而是效果你会怎么看呢？

简（吃惊地）：你是什么意思？

奎师那：两名创造力研究人员随访了一组学生，从他们在艺术学校的日子一直到他们成年后职业生涯的开始。作为一个群体，他们似乎有创造性艺术家的性格特质。然而，当研究人员对 31 名学生进行随访时，在他们离开艺术学校后的 5 或 6 年后，你猜怎么样？只有一个人成为一个有创造力的艺术家。

简：那是什么意思？

奎师那：简单来讲，就是特质本身并不是创造力的原因。

简：好吧，那我们就不说特质了。我父亲坚持的名言是"大人说话，小孩别插嘴"。虽然我心里更了解，朋友和老师对我的积极努力是持肯定态度的，但我父亲一直批评和贬低我。我想我只是没有米开朗基罗的能力将（在他与教皇事件中的）矛盾转变为伟大的艺术！不管怎么说，米开朗基罗是一位具有创造力的天才，而我不是，即使我已经学会了关于创造力的一些事情。我觉得我已经对这件事不抱希望了。

奎师那：不要这样相信宿命！我的意思是：假设米开朗基罗发展了这种创造能力是因为他意识到自己需要它。他渴望创造，但是相反他拥有的是与一个专横的教皇无休止的矛盾。所以他只能基于现实开展工作，使矛盾成为无意识过程的养料，并将其转化为精彩的艺术。

简：我不明白你是什么意思。

奎师那：人们因为害怕矛盾，所有不愿意与矛盾保持密切关系，认为矛盾可能会削弱他们的能力。所以我们往往在匆忙中做出一些肤浅的决定。正如 F. 斯科特·菲茨杰拉德（F. Scott Fitzgerald）说的："具有一流智力的检验标准就是头脑中同时存在两种截然相反的想法，但仍能保持工作的能力。"但这种能力是可以通过练习学会的，就像米开朗基罗必须要做的一样。

简：你指的是"意识的统一"这种经历吗？我觉得这是神秘主义者倡导的，而我不是神秘主义者。

奎师那：你可能在儿童时期有过这样的经历，但你也许已经忘记了又或者是人为地将它压制了。

简：所以你是否同意我说的，很早以前就确定了我在成年后不会成为一个具有创造力的人。

奎师那：是吗？即使现在它也能阻止你与微妙世界的联系？

简：我只是觉得我做不到。所以也许我的真正问题在自我？

奎师那：但自我只是你披上的一个身份，就像衣服。如果人类完全地认同他们的自我，并且没有重新挽回的机会，那么人类将失去创造力。

简：你是说像我这样的人在任何年龄都可以发现量子现实，甚至现在？

奎师那：是的，这就是我的意思。现实世界是微妙的世界，它是属于你的！因为它在你内部。放弃你的自我限制，就能发现你的真实自我。

简：你说得容易。

奎师那：但我就是你的量子自我呀！而且我也一直没有与你分开。

简：哦，不会吧？为什么我受到自身这么多条件的限制，而你似乎没有这些问题？

奎师那：和我相比，你并没有受到更多条件的限制。具有创造力的人们只是选择不受他们的负面条件的妨碍，他们不管它而继续进行创造。那你又为什么会被你的负面条件所限制？

简：你在回避这个问题。我的问题是：任何人都可以有创造力吗？我认为不是。也许只是归结为一个运气问题。但无论哪种方式，我都不认为我在未来会有创造力。

奎师那：你知道机会不一定只是运气，人们都说机会是留给有准备的人的。我同意作者的观点，看上去是机会的事情其实可能是同步性在发挥作用。

简：创造力对于我来说连最后的机会都没有了。

奎师那：嗨，简！你没有真正把我的话听进去，而且你一直沉浸在悲观之中。当然，具有创造力的人确实需要做很多事情。但这些人并不是一开始就具有创造力的，他们也需要去发展并唤醒创造力。

简：但是，也必须要有一个出发点。那我又从哪里开始呢？

奎师那：大多数人因为相信创造力能带来很多好处——包括名誉、受到关注、性、金钱，所以才开始创造之旅。这样的话，他们只会一直忙于情境创造力方面的工作。但过了几个轮回之后，他们就会感到无聊，从此开始关注根本创造力：因为他们对一些重要问题是否能够真正解决开始变得好奇。于是他们开始研究原型，开始追求内在创造力。

简：是的，这些我都明白。对我来说，金钱、性和权力并不是我的最大动机。我想做点事情来使世界变得更加美好，这个愿望好像应该可以对我起到一些帮助。

奎师那（笑）：那是什么阻止了你？

简：我想是我自己的消极情绪。

奎师那：但我已经告诉过你，你可以绕过负面情绪。创造力可以在无视它们的情况下发生。

简：不知为什么，这对我来说不适用，因为我是一个完美主义者。

奎师那：你认为当耶稣告诉他的门徒："去做小孩子吧！"耶稣想表达什么意思？

简：是练习初学者的头脑吗？

奎师那：研究表明，人们在追求内在创造力时使用的一些步骤，也同样可以用于外在创造力。例如，大多数内在创造力的练习会要求你慢下来，要求你平心静气地"培育"创造力。这也有助于你的外在创造力的实现。

简：开始做冥想之后，我发现头脑已经不像以前运转那么快了。

奎师那：其实还会有更多变化。如果不带情感、不带防卫心理或不受干扰地观察你的思想，你就会发现意识变得相对更空，你也更容易接受三摩地，并准备与基本的宇宙脉冲产生共鸣。

简：真的吗？

奎师那：真的。须菩提（Subhuti）是一位佛家弟子，他在一棵树下冥想，落花洒到他身上。这时许多声音齐声说道："我们赞美你，因为你对我们虚空（Emptiness）的内心讲道。"须菩提说："但我什么都没说。"这些声音说道："你没说，我们也没有听到，但这才是真正的虚空。"花瓣继续向下飘落。

当内心变得虚空，当超越了内心的平凡，你会突然在某一刻，对潜在的充满创造力的现实变得敏感。当你与宇宙的目的保持一致时，你的创造生命将会绽放。

简：我和你在一起时受到很多鼓舞，这点我必须承认。但当我一个人的时候，看到问题的艰巨性，而且考虑到那么多保守派的人会尽全力维持现状或使情况变得更坏，我就会失去信心。

奎师那：那么，什么是新事物？下面是来自印度的另一个故事。伟大的天使纳拉达（Narada）遇到两个凡人。一个是正在冥想的出家人。出家人问，"啊，纳拉达，我什么时候可以到达？"

纳拉达回答说，"我一会儿与上帝见面，我会问一下。"

第二个人正在享受地吸大麻，但他也问了纳拉达同样的问题："我什么时候可以到达？"

纳拉达笑了，但他也承诺，他会问上帝。

当纳拉达回来后，他首先去见出家人，出家人问："那么，神说了什么？我还需要多少年的冥想？"

"你还需要冥想三个轮回。"纳拉达说。

"好吧，如果这个轮回实现不了我的心愿，我也想找些乐子。"出家人这样说，于是他放弃了自己的练习。

吸食大麻者也渴望从纳拉达那里听到答案。

"那么，神告诉了你什么？"

"看到那边的那棵树了吗？看见所有的树叶了吗？这就是经过多少轮回你能够到达。"纳拉达说。

"真的吗？我也能到达吗？"那人喊道，他开始在狂喜中跳舞。在那一刻，他到达了。

你认为发生了什么，简？

简：他真的相信了。所以如果在此刻我相信我是有创造力的，那我能突破吗？

奎师那：不完全是这样，而是他相信上帝始终在他身边。顺便说一下，你看过我的书了吗？

简（吃惊地）：你写过一本书吗？

奎师那：一个像你一样寻找含义的人，抄袭了我与阿朱那的对话，并将它发表了。这本书销量非常好，书名是《薄伽梵歌》。

简：我知道《薄伽梵歌》，但你不可能是那个奎师那。

奎师那：《薄伽梵歌》的中心思想是：每当一个错误的世界观占支配地位时，上帝就会帮助那些愿意用自己的创造力去纠正错误的人。用现在的科学语言描述就是，意识的运动将有利于一些人，这些人将他们的创造力与范式转变以及有目的的进化相统一。

简：换句话说，如果我做新的范式方面的工作，它不仅会帮助我成为有创造力的人，而且意识的运动也会帮我独树一帜。但如何实现这些呢？

奎师那：通过同步性就可以实现。伟大的心理学家卡尔·荣格解释说，具有创造力的人生活中会发生过多的巧合，这并不仅仅是偶然的结果，而是与神的合作。

简：酷。还要注意什么吗？

奎师那：在《薄伽梵歌》中我帮助过同事阿朱那，当他看到自己所面临的艰巨任务时，像你一样，他也开始患有焦虑症。我不得不和他谈话，给他很大的鼓励，但回想起来，我将我所有的教学经验总结为两个梵文词：律法（Dharma）和法（dharma）。它们实际上是同样的单词，但第一个单词的首字母是大写的 D，第二个单词的首字母是小写的 d。

简：我不懂梵文，所以请你解释一下什么是首字母大写的法？

奎师那：大写字母 D 开头的律法是宇宙的规律（Cosmic law），包括法和进化。正如上面所讲的故事，当你通过调整使自己和法一致的时候，神与你同在，这时意识的运动会支持你。

简：那另一个法是什么？

奎师那：小写字母 d 开头的法更微妙。意思是说，我们来到这个轮回都是带着特别的学习计划的，而且带着某些能力从上一个轮回来到这个轮回，这些能力可以帮助我们更好地完成这一轮的学习计划。

简：这很有意义。

奎师那：是的，但当你面对相反的力量时，你会像阿朱那一样想逃跑，你会想出充分的理由为自己的行为辩护。这时，一定不要跑，坚持你自己的法。因为其他人的法会让你产生更大的麻烦。

简：好的，你的话更坚定了我的信心。我会记得跟随我的法，并与律法保持一致。

奎师那：你必须按照你自己的自由意志去做，而不是因为我说服了你。

简：但我没有自由意志。因为我已经被条件化了，难道你忘了吗？

奎师那：等一下。你有足够的自由意志使你可以对一些事情说不。例如，你决定抬高胳膊，就是通常认为通过自由意志完成的一些事情。神经生理学家通过连接到大脑的脑电图可以看到电活动——我们称之为准备电位（Readiness potential）——准备电位将足足提前 900 毫秒泄露你想要抬高胳膊的意向。但即使在准备电位出现后，你如能在 900 毫秒反应时间内改变之前的意识，那你随时可以阻止自己的行动。

简（震惊地）：所以当焦虑到来时，我可以停止这种感觉。当恐惧告诉我要逃跑时，我可以不这样做……

奎师那：确实是这样。放弃你的矛盾和焦虑。只要你能，那么对一切负面条件说不。不要被偶尔的失败妨碍。所以通过练习你的悦性（根本创造力）就会出现，而且你可以通过激性（情境创造力）在需要时去支持悦性。你需要觉醒，站起来，然后弄明白自己的意图，接下来去探索，然后探索更多。在探索创造性宇宙的含义和价值过程中，以及在满足人类进化需要方面，追随你的法。坚持创造力，并坚持进入这个过程，因为这个过程可以给你带来巨大转变。

简：我已经迫不及待地想去做点什么了。

QUANTUM CREATIVITY

啊！创造力是多么奇妙，

通过我们的激情创造，

可以享受世界的美妙，

想要永久的风景吗？

有一个小条件，

需要世界快乐俱乐部会费。

我们必须跃迁超越个人，

与所有的创造合作。

然后我们会跳舞，

伴着创造力的和声，

一起在我们的非定域性舞池中，

这样就可以掌控爱的永恒。

这是一本拓展思维的著作，它以量子物理为透镜，探索了人类创造力的世界。图书为读者提供了独特的视野理解自然并增强自身的创造力。

阿米特·哥斯瓦米博士提出诸多问题并给出了解答，他指出了创造力的源泉存在于我们每个人的思想之内。什么是创造力？每个人都可以有创造力吗？世上都有些什么样的创造力？通过探究，他著作了这本创造力指南，帮助读者理解思维，并用全新的方式来获得创造力。

结合创造的艺术性与科学的目的性，《量子创造力》采用了实验数据来支撑新的思维方式，并概述了人们如何利用自身的天赋活得更有创造性。简单地说，哥斯瓦米博士教读者如何以量子的方式具有创造性的思考。

阿米特·哥斯瓦米博士是位于尤金（Eugene）的俄勒冈大学（University of Oregon）理论物理系的退休教授，他自 1968 年以来在那里任职。他被称为"意识科学"新范式的先驱。

哥斯瓦米是一本非常有名的教科书《量子力学》（*Quantum Mechanics*）的作者，这本书被世界各地的大学采用。他还写了很多通俗读物，包括《自我意识的宇宙》（*The Self-Aware Universe*）、《幻想的窗口》（*The Visionary Window*）、《灵魂物理学》（*Physics of the Soul*）、《量子医生》（*The Quantum Doctor*）和《上帝没有死》（*God Is Not Dead*）。

果壳书斋　科学可以这样看丛书(42本)

门外汉都能读懂的世界科学名著。在学者的陪同下,作一次奇妙的科学之旅。他们的见解可将我们的想象力推向极限!

1	平行宇宙（新版）	〔美〕加来道雄	43.80元
2	超空间	〔美〕加来道雄	59.80元
3	物理学的未来	〔美〕加来道雄	53.80元
4	心灵的未来	〔美〕加来道雄	48.80元
5	超弦论	〔美〕加来道雄	39.80元
6	宇宙方程	〔美〕加来道雄	49.80元
7	量子计算	〔英〕布莱恩·克莱格	49.80元
8	量子时代	〔英〕布莱恩·克莱格	45.80元
9	十大物理学家	〔英〕布莱恩·克莱格	39.80元
10	构造时间机器	〔英〕布莱恩·克莱格	39.80元
11	科学大浩劫	〔英〕布莱恩·克莱格	45.00元
12	超感官	〔英〕布莱恩·克莱格	45.00元
13	麦克斯韦妖	〔英〕布莱恩·克莱格	49.80元
14	宇宙相对论	〔英〕布莱恩·克莱格	56.00元
15	量子宇宙	〔英〕布莱恩·考克斯等	32.80元
16	生物中心主义	〔美〕罗伯特·兰札等	32.80元
17	终极理论（第二版）	〔加〕马克·麦卡琴	57.80元
18	遗传的革命	〔英〕内莎·凯里	39.80元
19	垃圾DNA	〔英〕内莎·凯里	39.80元
20	修改基因	〔英〕内莎·凯里	45.80元
21	量子理论	〔英〕曼吉特·库马尔	55.80元
22	达尔文的黑匣子	〔美〕迈克尔·J.贝希	42.80元
23	行走零度（修订版）	〔美〕切特·雷莫	32.80元
24	领悟我们的宇宙（彩版）	〔美〕斯泰茜·帕伦等	168.00元
25	达尔文的疑问	〔美〕斯蒂芬·迈耶	59.80元
26	物种之神	〔南非〕迈克尔·特林格	59.80元
27	失落的非洲寺庙（彩版）	〔南非〕迈克尔·特林格	88.00元
28	抑癌基因	〔英〕休·阿姆斯特朗	39.80元
29	暴力解剖	〔英〕阿德里安·雷恩	68.80元
30	奇异宇宙与时间现实	〔美〕李·斯莫林等	59.80元
31	机器消灭秘密	〔美〕安迪·格林伯格	49.80元
32	量子创造力	〔美〕阿米特·哥斯瓦米	39.80元
33	宇宙探索	〔美〕尼尔·德格拉斯·泰森	45.00元
34	不确定的边缘	〔英〕迈克尔·布鲁克斯	42.80元
35	自由基	〔英〕迈克尔·布鲁克斯	42.80元
36	未来科技的13个密码	〔英〕迈克尔·布鲁克斯	45.80元
37	阿尔茨海默症有救了	〔美〕玛丽·T.纽波特	65.80元
38	血液礼赞	〔英〕罗丝·乔治	预估49.80元
39	语言、认知和人体本性	〔美〕史蒂芬·平克	预估88.80元
40	骰子世界	〔英〕布莱恩·克莱格	预估49.80元
41	人类极简史	〔英〕布莱恩·克莱格	预估49.80元
42	生命新构件	贾乙	预估42.80元

欢迎加入平行宇宙读者群·果壳书斋 QQ:484863244

网购:重庆出版集团京东自营官方旗舰店

　　　重庆出版社抖音官方旗舰店

各地书店、网上书店有售。

重庆出版集团京东
自营官方旗舰店

重庆出版社抖
音官方旗舰店